やさしくわかる！

文系のための東大の先生が教える

ブラックホール

監修 吉田直紀
東京大学大学院教授

はじめに

　最近は科学や宇宙についてのニュースの中で，ブラックホールやダークマターといった魅惑的な単語をよく耳にするようになりました。SNSで探せばたくさんの記事や投稿が見つかります。ブラックホールは遠くの宇宙にあって，謎につつまれた天体ですが，ネーミングのよさがさいわいして，誰でもパッとイメージしやすいものになったと思います。**宇宙望遠鏡を使った観測によって遠くの銀河やブラックホールが毎日のように見つかり，わたしたちの興味をかきたてています。**また，ハリウッド映画にも登場したり，SF小説の中ではタイムトラベルに使われたりと，ブラックホールは何かと大活躍しているようです。

　本書では，このように大人気のブラックホールの謎や正体について，イラストや宇宙観測画像を交えてわかりやすく解説します。**ブラックホールは長い間想像上の産物であると考えられてきましたが，最先端の観測によってその姿を直接写真に撮ったり，ブラックホールの近くを星がかすめる様子を動画で見たりできるようになりました。**こうしていろんなことがわかるようになった一方で，巨大なブラックホールはいつどこでできたのか，といった新たな謎も出てきました。

　ブラックホールを紹介する際には時空や多次元といった慣れない概念も出てきますが，本書ではむずかしい数式は使わず，豊富なイラストでわかりやすく表現します。ブラックホールについての素朴な疑問からはじめ，対話の形式で謎解きをしていきましょう。

監修
東京大学大学院理学系研究科教授
吉田 直紀

目次

0時間目 イントロダクション

STEP 1
何でも飲みこむ謎の天体

光すら逃れられない超重力の天体 14
ブラックホールの近くでは時間が止まる!? 19
超巨大ブラックホールの謎 24
宇宙には時空のトンネルがある? 27

目次

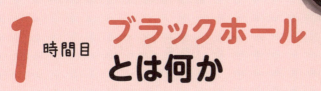

1時間目 ブラックホールとは何か

STEP 1
ブラックホールは時空の果て

ブラックホールの存在を予言した一般相対性理論 34
ブラックホールは時空をゆがめる 47
ブラックホールの性質を決める3要素 56
ブラックホールに落ちるとどうなる? 61
回転しているブラックホールに近づくとどうなる? 64
特異点の中はどうなっている? 68
リング状の特異点をもつブラックホール 77
ブラックホールは蒸発する 82
ブラックホールの情報パラドックス 87
未来の宇宙はブラックホールだらけ? 92

偉人伝① 物理学を一変させた,アルバート・アインシュタイン 98

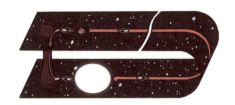

STEP 2
ブラックホールの候補を発見

物や光を無限に吸いこむ天体が考えだされた 100
「あるわけない」と思われたブラックホール 106
強力なX線を放つブラックホール 114
X線の目がブラックホールの候補を見つけた 122
質量の大きさがブラックホールの第1条件 125
ブラックホールの第2条件，サイズの小ささ 128
ブラックホールは，重い星の最期の姿だった 132
どれくらい圧縮するとブラックホールになる？ 139

目次

2時間目 桁ちがいの大きさ「超巨大ブラックホール」

STEP 1
超巨大ブラックホールとは何か

太陽の100万〜数十億倍のブラックホールが存在する!........... 146
膨大なエネルギーを放出するクェーサー........................... 149
巨大ブラックホールの証拠 160
ブラックホールが重いと銀河の膨らみも重い 163

STEP 2
天の川銀河中心のブラックホール

天の川銀河にはたくさんのブラックホールがある 166
天の川は,銀河を内側から見た姿 172
天の川銀河の"核"が発見された 176
天の川銀河の中心方向を見てみよう 181
太陽質量の450万倍の超巨大ブラックホール 185
明るさを変えるいて座A* 190

7

STEP 3
ついにブラックホールの姿が見えた!

ブラックホールはどのように見えるのか？ 194
視力200万以上の望遠鏡が必要 203
ブラックホールの直接撮影に成功! 206
我が銀河中心のブラックホールの姿 212

目次

3時間目 ブラックホールをめぐる謎

STEP 1
超巨大ブラックホールはどのようにできたのか?

- 超巨大ブラックホールは宇宙誕生初期からある 220
- 超巨大ブラックホールの"種"は何だった? 222
- 合体したのか,ガスを吸いこんだのか 226
- 重力波で観測された「合体」................................... 229
- 重力波天文学のはじまり 234
- 銀河とブラックホールは一緒に成長した?............... 236

STEP 2
宇宙誕生直後に生まれた原始ブラックホール

- 原始ブラックホールって何? 242
- 原始ブラックホールとダークマター 247
- 原始ブラックホールは超巨大ブラックホールの種かもしれない.. 255
- 太陽よりも軽いブラックホールを探せ 259

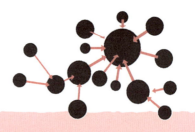

4時間目 ホワイトホールとワームホール

STEP 1
何でもはきだすホワイトホール
ブラックホールの反対!?　ホワイトホール 268
ホワイトホールは見ることができない? 273

STEP 2
宇宙のトンネルワームホール
予言されたワームホール 276
ワームホールを使って時間旅行 284
ワームホールとミクロな世界 290
宇宙をつなぐワームホール 294

目次

とうじょうじんぶつ

吉田直紀 先生
東京大学で宇宙論を
教えている先生

理系アレルギーの
文系サラリーマン（27歳）

0

時間目

イントロダクション

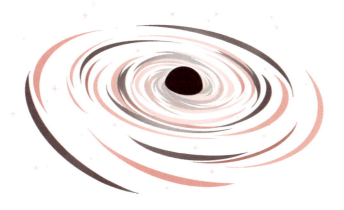

STEP 1 何でも飲みこむ謎の天体

ものすごい重力によって，光までも飲みこんでしまう"宇宙の黒い穴"——ブラックホール。この謎に満ちた天体は，現代の天文学で最もホットな天体だといえるでしょう。

光すら逃れられない超重力の天体

先生！　この前，宇宙を紹介する科学番組で**ブラックホール**が出てきたんです。
ブラックホールは，**何でも吸いこむ天体**だっていっていたんですけど，本当なんでしょうか？

ええ，本当ですよ。
ブラックホールは，**とても強大な重力**をもつ天体で，底なし沼のように何でも飲みこんでしまいます。
ひとたび中に吸いこまれれば，光ですら逃れることはできませんよ。光はこの自然界で最も速く進みますから，あらゆる物質は，一度飲みこまれると，ブラックホールから脱出することができないのです。

ひぇー，光さえも出てくることができないんですか!?
そんな意味不明な天体，この宇宙に存在するんでしょうか？

かつては,ブラックホールは理論上の産物にすぎず,実在しないと考えられていました。
しかし,観測技術の進展により,宇宙にブラックホールが存在する証拠が次々と見つかっています。
そして2019年には,はじめて直接撮影されたブラックホールの姿が公開されたんですよ。

どっひゃー!
光さえも逃れられない,何でも飲みこむ天体が実在する……。
地球が吸いこまれないかちょーこわいんですけど。
ブラックホールってどれくらい重いんですか?

典型的なブラックホールは,太陽の数倍から数十倍の質量をもっています。

ただ，サイズは太陽よりもずっと小さいです。太陽の半径が70万キロメートルほどなのに対して，ブラックホールの半径は**数十キロメートル**程度しかないのです。
このようなブラックホールは**恒星質量ブラックホール**とよばれており，銀河の中にたくさんただよっています。

サイズは小さいのに，めちゃくちゃ重いんですね。

さらに！　この恒星質量ブラックホールとくらべて，けたちがいに重い，**超巨大ブラックホール**などとよばれるブラックホールが存在することもわかっています。

超巨大!?
ど，どれくらい重いんですか？

超巨大ブラックホールの質量は，**太陽の100万倍〜数十億倍ほど**です。さらに中には太陽の**210億倍**にもなるものも見つかっています。
太陽の10億倍の質量をもつ場合，その半径は**30億キロメートル**に達し，太陽系がすっぽりとおさまるほどの大きさとなります。

ひょぇー！
そんなとんでもない天体が存在するなんて……。
まさか，この太陽系の近くにはありませんよね？

超巨大ブラックホール

太陽系

0時間目 イントロダクション

超巨大ブラックホールは，私たちにとって，それほど遠い存在というわけではありません。
私たちが住む天の川銀河の中心にも太陽の質量の**400万倍**の超巨大ブラックホールが存在しているのですから。
<mark>実は，ほとんどの銀河の中心には，この超巨大ブラックホールがあると考えられているのですよ。</mark>

げげっ！
私たちの銀河の中心にそんなものが……。

そして超巨大ブラックホールのほかにも，およそ**1億個**のブラックホールが天の川銀河に存在すると推定する研究があります。

ブラックホールは，遠い天体だと思っていましたが，意外と近くにたくさん存在しているんですね。
先生，すっごく興味が出てきました。
ブラックホールについて，くわしく教えてください！

いいでしょう。
ブラックホールは最もホットな謎に包まれた天体です。ブラックホールについて、現在の科学でわかっていることをくわしく解説していきましょう。

よろしくお願いします！

ブラックホールの近くでは時間が止まる!?

ブラックホールは、天才物理学者の**アルバート・アインシュタイン**（1879〜1955）が提唱した**一般相対性理論**という理論から予言されました。
一般相対性理論とは、重力の正体を時間と空間のゆがみだと考える理論です。

アルバート・アインシュタイン
（1879〜1955）

時間と空間のゆがみ!?
よくわかりませんが,重力がとてつもなく大きなブラックホールの周囲では,時間と空間がものすごくゆがんでいるということなんでしょうか?

その通りです。
くわしくは,1時間目でお話ししますが,ブラックホールのまわりでは時間と空間が大きくゆがんでいます。
そのため,ブラックホールの後ろにある天体を観測しようとすると,その姿はゆがんで見えます。
さらに! **もしブラックホールに近づくと,時間の進みがゆっくりになります。**

時間の進み方が変わるんですか?

そうなんです。
ですから,ロケットでブラックホールの近くに行ってそこでしばらく過ごしたのち,地球にもどってくると,実質的に**未来の地球**に行くことができます。

未来に行ける!?
いったいなぜそういうことになるのでしょう?

重力の大きなブラックホールの周囲では,時間の流れが遅くなります。

ですから、ロケットでブラックホールの近くに行き、そこで1時間経過したとき、地球ではもっとうんと長い時間が経っているという状況をつくれるんですね。

それから地球に帰れば、ロケットの中で過ごした時間よりも長い時間が経過した地球、すなわち未来の地球に行けることになります。まるで浦島太郎のような状態になるわけです。

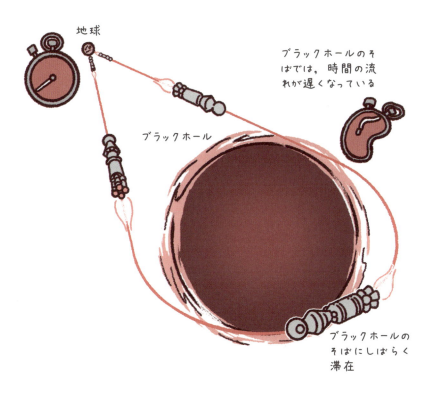

そういえば,ロケットで知らない惑星にたどりついたと思ったら,未来の地球だった,というSF映画を見たことがあります。そのロケットは,ブラックホールの近くを通ったのかもしれませんね。

 ブラックホールに近づけば近づくほど,時間の進みは遅くなるのですか?

 そうですよ。

ですから，もしブラックホールのはなれた場所から，ブラックホールに別のロケットが落ちこむところを観測すると，はじめはぐんぐんロケットはブラックホールに近づくように見えますが，やがてロケットはブラックホールの表面から動かなくなります。
ブラックホールの表面はあまりに時間の流れが遅く，遠くの人には止まって見えてしまうのです。

ひょえー，ということはロケットはブラックホールの中に飲みこまれずに助かるということですか？

いいえ，止まって見えるのはあくまで，はなれた人から観測した場合です。ロケットの中の人からすると，時間の遅れなど感じずに，そのままブラックホールの中に落ちこんでいきますよ。

ふぅむ。時間の流れがちがうって，なんかすっごく不思議でなかなかピンときませんね。

時間の遅れや，ブラックホールに落ちこんだ先など，ブラックホールがおこす不思議な現象や謎は，1時間目でお話ししますから楽しみにしていてください。

超巨大ブラックホールの謎

ブラックホールって，どうやって生まれるんですか？
いきなり宇宙空間に**ボワッ**とあらわれるのでしょうか？

いえいえ，突然あらわれたりはしませんよ。
一般的なブラックホールは，**重い恒星**が寿命をむかえるときに，**つぶれて**できることがわかっています。
ただし，銀河の中心にある超巨大ブラックホールは，どうもちがうようです。

ほぉ，めちゃくちゃ大きなブラックホールですよね。
そちらはいったいどうやってできたんでしょうか？

実は，超巨大ブラックホールがどのようにできるのかは**未解明**で，現在の天文学における重要なテーマになっています。
超巨大ブラックホールは**宇宙初期**にはすでに存在していたことがわかっています。数億年という宇宙の歴史の中ではとても短い時間の間に，それほど大きなブラックホールがどのようにつくられたのか，わかっていないのです。

ふぅーむ。不思議ですね。
ところで超巨大ブラックホールって，基本的に銀河の中心にあるんですよね？
これはなぜなんですか？

その理由もわかっていません。しかし現在，研究者たちは，超巨大ブラックホールとその母銀河は，たがいに密接に影響をあたえながら進化してきたと考えています。

ブラックホールは，単にものを飲みこむばかりではありません。強い重力でひきつけたあと，しばしば銀河の直径の何十倍もかなたまで，光速に近い速度で一部の物質をはきだします。

つまり超巨大ブラックホールは，宇宙において，**巨大なエネルギー源**でもあるのです。超巨大ブラックホールは，そのエネルギーによって銀河の進化や宇宙の進化に重要な役割をはたしているのではないかと，科学者たちは考えています。

超巨大ブラックホールは、いろいろと謎に包まれた存在なんですね。

 ええ。超巨大ブラックホールの謎については、2，3時間目でくわしく取り上げましょう。

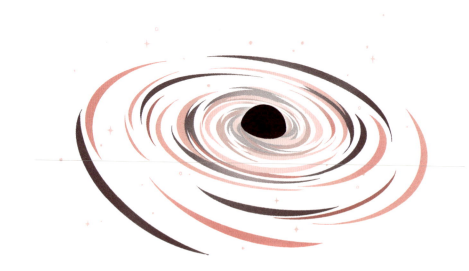

宇宙には時空のトンネルがある？

ブラックホールには，**ホワイトホール**と**ワームホール**という仲間も存在します。

どちらもはじめて聞きました！
ブラックホールの仲間……。
どういう天体なんでしょうか？

ホワイトホールとワームホールは，ブラックホールと同様に一般相対性理論からその存在が予言されたものです。**まず，ホワイトホールはブラックホールとは反対に，光や物質をはきだします。**あたかもブラックホールを逆向きに再生したような現象がおきているのがホワイトホールなのです。

ひょえー，ブラックホールの反対で，物質や光を吐き出しちゃうんですか!?
めちゃくちゃ不思議な天体ですね。

そうですね。
次に，ワームホールはさらに私たちの常識をこえた存在です。

どういうホールなんでしょうか？

ワームホールは，ある空間と別の空間をつなぐ**抜け道**のような構造をもっています。**ワームホールをくぐり抜けると，一瞬にして別の空間に移動できるのです。**

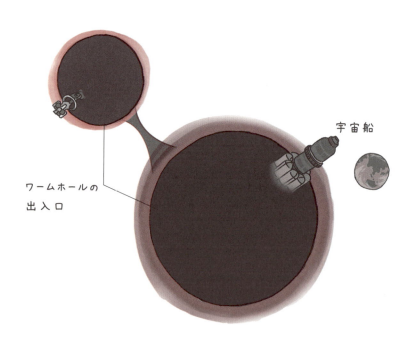

くぐり抜けると,別の空間に移動!?
まるでトンネルみたいですね。

そうですね。ワームホールは**時空のトンネル**です。ワームホールを使えば,おどろくべきことに**過去へのタイムトラベル**も可能になるという話もあるんですよ。

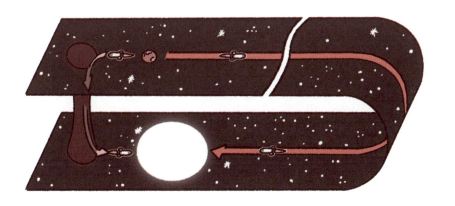

ホワイトホールにワームホール……。
まるでSFみたいです。そんな天体,実在するのでしょうか？

実は,ホワイトホールやワームホールが,実際に宇宙に存在するかどうかは今のところ確かめられているわけではありません。しかし,まったくの荒唐無稽な話というわけではなく,数学的にはこの二つのホールも存在が許されているのです。

これら二つのホールについては，4時間目でくわしく紹介しましょう。
では，次の1時間目から，深淵なブラックホールの世界を探検しましょう。

よろしくお願いします！

0 時間目 イントロダクション

1 時間目

ブラックホールとは何か

STEP 1 ブラックホールは時空の果て

ブラックホールは巨大な質量をもつ，光さえも飲みこんでしまう驚異の天体です。ブラックホールでは，私たちの常識では測れない不思議な現象がおこります。

ブラックホールの存在を予言した一般相対性理論

ブラックホールは，アインシュタインの**一般相対性理論**をもとに予言された天体です。
ブラックホールについて考えるうえで，一般相対性理論は欠かせませんから，まずは一般相対性理論について簡単に説明しておきましょう。

一般相対性理論……。
どういう理論なんでしょうか？

一般相対性理論は，1915～1916年にアインシュタインによって発表された**重力**についての理論です。
17世紀に**アイザック・ニュートン**（1642～1727）は，重さ（質量）をもつものどうしは，すべて万有引力（重力）で引き合うという**万有引力の法則**を打ち立てました。これは一般相対性理論が登場する前の重力の理論です。

ただニュートンは，万有引力（重力）がどのような法則ではたらくのかは明らかにしましたが，**なぜ万有引力が生じるのか**を，何も説明していませんでした。

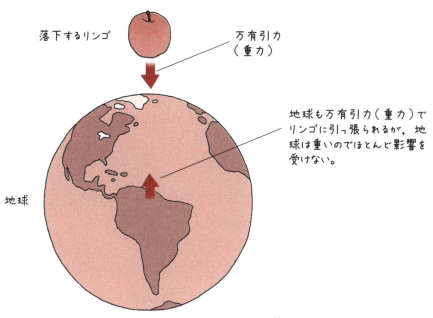

落下するリンゴ

万有引力（重力）

地球も万有引力（重力）でリンゴに引っ張られるが，地球は重いのでほとんど影響を受けない。

地球

リンゴが落ちるのは，地球との間に万有引力がはたらくため。

ふぅむ。
じゃあ，一般相対性理論では，重力がなぜはたらくのかを，どのように説明するんですか？

一般相対性理論では,時間と空間(時空)はゆがんでおり,**その時空のゆがみ**こそ重力の正体だと説明します。
時空のゆがみの影響を受けて,物体が落下したり,地球が太陽の周囲を公転したりするというわけです。

じ,時空のゆがみ?

そうです。**一般相対性理論では,質量をもつ物体の周囲の時空はゆがんでいると考えるのです。そして,そのゆがみの影響を受けて,物体が引き寄せられます。**これが重力の正体です。

ぐぬぬぬ。
イメージができない!

次のイラストを見てください。
本来は,時空のゆがみをイラストにあらわすことはできませんが,このイラストでは時空のゆがみを2次元のマットのへこみとしてあらわしました。
地球の周囲の時空はゆがんでおり,このくぼみに転がり落ちるように,りんごは地球に引き寄せられます。

なるほど。

時空のゆがみは,重力源が重い(質量が大きい)ほど,そして重力源に近いほど大きくなります。

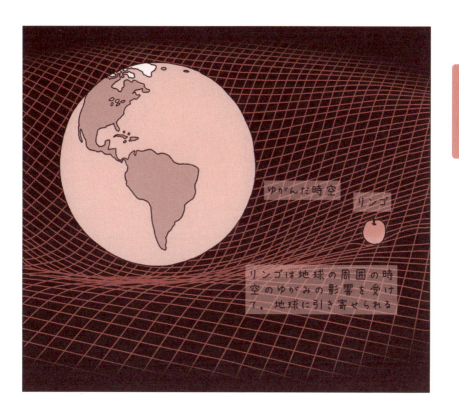

時空のゆがみによって，**惑星のような天体の動き**を説明することもできますよ。
次のイラストを見てください。**太陽**と**地球**をえがきました。
太陽の大きな質量のために周囲の時空は大きく曲がっています。太陽系の惑星たちは，この時空の曲がりの影響を受けるため，太陽のまわりを公転するのです。

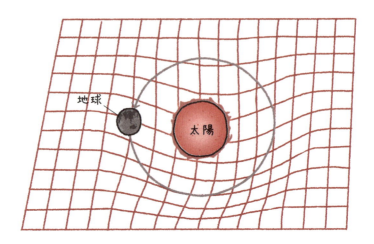

これって,すり鉢状のくぼみにビー玉を投げ入れたときに,ビー玉が斜面をまわりつづけるのに似ていますよね。

その通りです！
くぼみをまわるビー玉は空気抵抗や摩擦によって勢いを弱めて底に落ちてしまいますが,真空中を進む惑星はさえぎるものがないので,太陽の周囲をまわりつづけることができるのです。

でも,時間と空間がゆがむなんて,ちょっと信じられないなぁ……。

時空のゆがみは,光の進路を見ることでわかります。
時空のゆがみがあると,光の進路さえ曲がってしまうのです。

光の進路が曲がる？
屈折みたいなことですか？

いいえ，屈折とは意味がちがいます。
普通，光は直進します。ところが，空間がゆがんでいる（重力がはたらく）と，光がまっすぐ進んでいても，空間のゆがみによって進路が曲がってしまうのです。

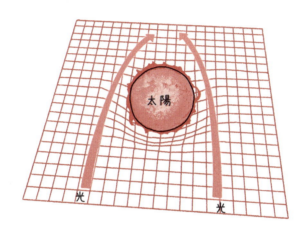

いやいや，私にも体重があるはずですけど，私のまわりでは光が曲がってなんていませんよ！

あなたくらいの小さな重力源では，光の曲がりは小さすぎて，確認するのは困難です。
でも宇宙に目を向けると，銀河団などの大きな重力源がありますから，光が曲げられる現象を実際に観測することができるんですよ。

重力が空間をゆがめて，さらに光の進路さえも曲げてしまうのか……。

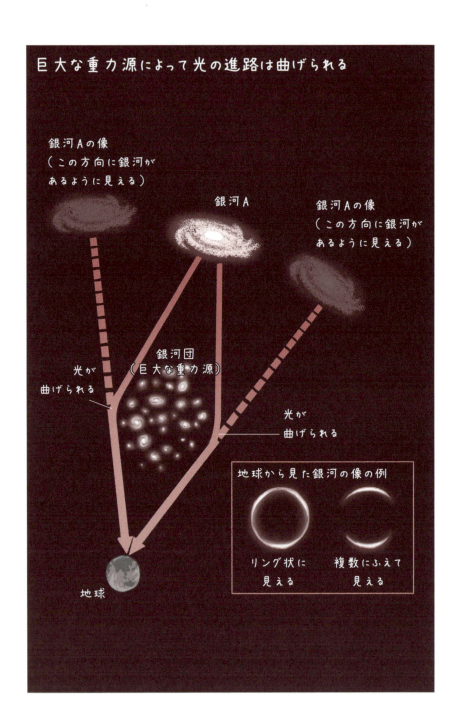

はい,一般相対性理論の正しさは,実際に太陽によって光の進路が曲げられることを観測することで裏付けられたんですよ。
アインシュタインは,一般相対性理論を使って,太陽近くでは重力によって,後方からの星の光が曲がることを予言しました。
この予言を確かめるために,イギリスの天文学者**アーサー・エディントン**(1882〜1944)らが,1919年の日食の日に西アフリカとブラジルで観測を行ったのです。

日食の日?

ええ。日食とは,太陽と地球の間に月が入り,月で太陽の光がさえぎられる現象です。
日食の間は月のかげに入るため,昼間なのに夜のように暗くなり,太陽の方向の天体の観測も可能になります。

なるほど。
日食の間は,太陽の方向からやってくる別の天体の光が観測できるんですね。

観測隊が日食のタイミングを見計らって,太陽の後方にある星の光を観測したところ,星の光が太陽の近くを通るときに曲げられていることが確認されました。
そして光の曲がりの大きさは一般相対性理論の予想通りだったんです。

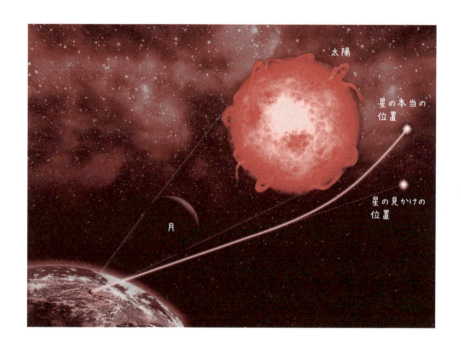

おー，すげー！

この観測結果は，ニュートンの万有引力の法則をくつがえし，一般相対性理論の正しさを証明するものとして，新聞などでも報じられ，社会的に大きな注目を集めました。
これにより，アインシュタインは世界的な名声を手に入れたのです。

重力の考え方を一変させてしまったんですね！
アインシュタインさんすごいな！

さらに！　巨大な重力源の近くでは光が曲がるだけではありませんよ。一般相対性理論によると，**時間の進み**も遅くなります。

じ，時間の進みが遅くなる〜!?

ええ。
たとえば**地球の重力**も，わずかながら時間の遅れを生じさせています。
ですから私たちは，天体がそばに何もない宇宙空間よりも，ごくわずかにゆっくりと進む時間の中を生きているのです。

へーっ，実は地球上は時間がゆっくりだったんですね。

そうですよ。
逆にいえば，地上からはなれればはなれるほど，重力は弱くなるため，時間の進み方が早くなっていくことになります。
たとえば，高さ634メートルの**東京スカイツリー**の先端は，地上よりもほんのわずかに重力が弱いです。

展望階までは行ったことありますよ！
重力が弱いってことはもしかして，スカイツリーの上の方は，時間が早く進むんですか？

その通りです。実は東京スカイツリーの先端では，**約100兆分の7**だけ地上より時間が早く進むんです。

1時間目　ブラックホールとは何か

43

約100兆分の7程度だけ
地上よりも時間の進み方が早い

ええー！ まじっすか!?
私は1時間くらいスカイツリーにいましたから，ずーっと地上にいた人よりも100兆分の7時間くらい，歳をとっているわけですね。

スカイツリーの展望階は，先端よりももう少し低いとは思いますが，おおよそそういうことになりますね。

ただ，約100兆分の7っていうのは，約45万年でようやく1秒の差が出てくる程度のごくごくわずかなちがいでしかありませんけど。

じゃあ，まわりの人よりも若くいるためには，重力が強い場所に行けばいいんですね。
しっかし，地表とスカイツリーの先端で，時間のズレがあるなんて，おどろきですね！

ではもっと大きな重力源を考えてみましょう。
たとえば**太陽**です。太陽の質量は地球の約33万倍の**約2x10³⁰キログラム**，半径は約109倍の**約70万キロメートル**です。
その表面は地球よりも重力が強く，地球よりも時間が遅れます。

どれくらい時間が遅れるんですか？
2倍くらいになるのかな。

太陽の表面は，地球上よりも時間の進み方が**100万分の2ほど**遅くなっています。
これは6日で1秒の差が出てくる程度のちがいです。

やっぱり遅れは少しなんですね。6日で1秒か……。
実感するのはむずかしそうですね。

> **ポイント！**
>
> 一般相対性理論
> 　質量をもつ物体の周囲では時空がゆがんでおり，その時空のゆがみによって重力が生じる。大きな質量の近くでは，光の進路が曲がり，時間の進みが遅くなる。

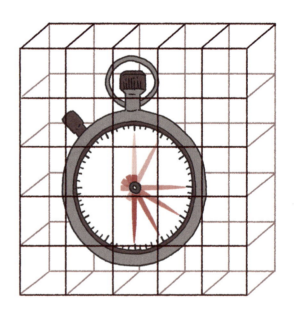

ブラックホールは時空をゆがめる

さて、一般相対性理論による重力の考え方はわかりましたか？
それではいよいよ、強大な重力をもつブラックホールとはどのような天体なのか、そしてブラックホールでは、どのような現象がおきるのかをくわしく見ていきましょう。

先生、そもそもブラックホールって何でできているんでしょうか？
重力が大きいから、**ものすごく重い物質**でできている、ということなんですよね？

いいえ、ブラックホールは物質でできているわけではありませんよ。
ブラックホールの中心には、全質量が集中する**特異点**という点があります。この小さな小さな点のほかはブラックホールの中には何もなく、**スカスカの空間**なんですよ。

ポイント！

ブラックホール
　強い重力で光さえも脱出できない領域。中央にある特異点に全質量が集中している。

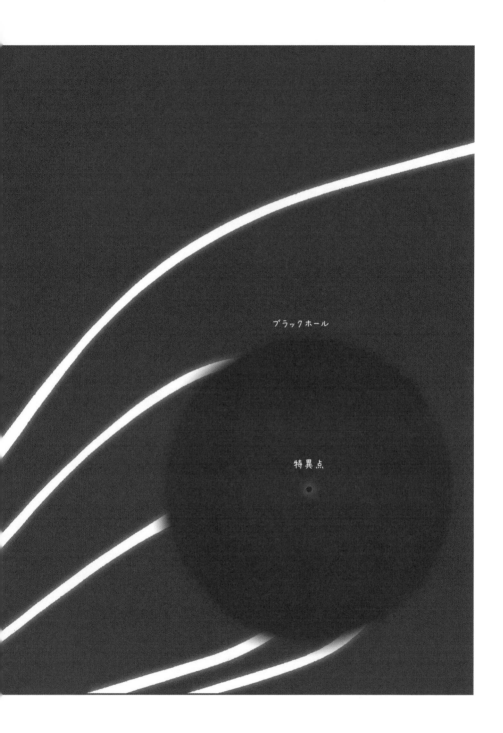

えっでも，ブラックホール自体は点ではなくて，ある程度の大きさがあるわけですよね？

はい。特異点を中心として一定の範囲内は，重力があまりにも強すぎて光さえも脱出できなくなります。
このように光さえも脱出できない領域のことをブラックホールとよんでいるんです。
この領域の境界を**事象の地平面**といいます。事象の地平面の内側からは光が届くことがないので，ブラックホールの中を観測することはできません。
たとえば，太陽の質量の10倍程度のブラックホールは，半径30キロメートルほどの大きさをもっています。

へぇ，中心に特異点があるだけなんだ。
特異点ってどのようなものなんですか？

特異点はきわめて奇妙な存在です。
まず体積は理論上**ゼロ**です。ここにブラックホールの**全質量**が集中しています。そのため，特異点の密度（質量÷体積）は**無限大**です。すなわち，時空のゆがみが無限大であり，いわば**時空の果て**だといえるでしょう。

特異点は時空の果て……。

また，ブラックホールの近くでは不思議な現象がたくさんおきます。そのいくつかを駆け足で紹介しましょう。
まず，一般相対性理論によると，重力の大きな場所の近くでは，時間の進みが遅くなります。そのためブラックホールに近づくと時間が遅くなります。

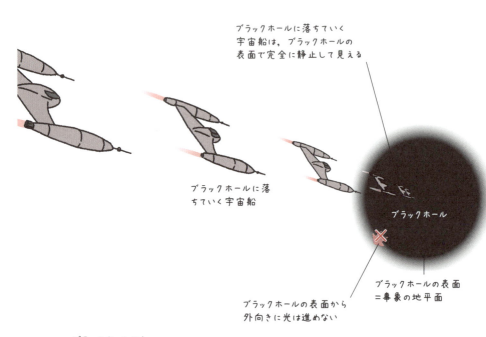

ブラックホールに落ちていく宇宙船は、ブラックホールの表面で完全に静止して見える

ブラックホールに落ちていく宇宙船

ブラックホール

ブラックホールの表面から外向きに光は進めない

ブラックホールの表面＝事象の地平面

ブラックホールから遠くはなれた母船

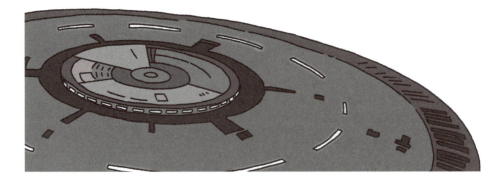

そしてブラックホールの表面である事象の地平面では時間が止まります。もしそこに到達した宇宙船を遠くから見ると，宇宙船ははりついて見えます。

宇宙船はそれ以上，ブラックホールの中に飲みこまれない，ということですか？

遠くから観測するとそうです。
ただし，事象の地平面で時間が止まるのは，あくまで**遠くから見た場合**です。
実際に宇宙船に乗っている人の視点では，普通に事象の地平面を通過してブラックホールに落ちこんでいくことになりますよ。

ひぃー。

それから，ブラックホールの近くから放たれる光は，強大な重力によってひきのばされ，波長が長くなります。可視光であれば波長が長いほど赤く見えるため，ブラックホールに近づいていく物体を遠くからながめた場合，**赤く**見えるはずです。

ということは，ブラックホールに近づいていく宇宙船をはなれた場所から見ると，徐々に速度はゆっくりになり，赤く見えるってことですね。

ええ，そういうことになります。
さて，ほかにも奇妙な現象はたくさんあります。

あなたがブラックホールに接近して背中を向け，空を見上げたとします。するとあなたは，あらゆる方向の宇宙がせまい領域に集中している光景を見ることになります。

ど，どういうことですか!?

ブラックホールは強大な重力で光を曲げます。そのため，あなたの背後からの光も曲がって目に届くことになります。

人は曲がって届いた光でも前方からまっすぐ届いたように認識するため，背後の景色も目の前に見ることになるのです。

な，なるほど。

さらに，遠くはなれた場所から，ブラックホールの向こう側にある天体を観測すると，その天体が大きくゆがんで見えることがあります。

ブラックホールの強大な重力によって近くを通る光が曲げられて，ブラックホールの向こう側にある天体からの光がまわりこんで集められるようになるためです。このような現象を**重力レンズ効果**といいます。

ふぅむ。
強大な重力によって，時空がゆがみ，天体がゆがんで見える……。なかなか信じがたいですね。

向こう側の天体が見える

ブラックホールの強大な重力は，近くを通る光を曲げる。そのため，ブラックホールの向こう側にある天体からの光がまわりこんで集められる（重力レンズ効果）。天体は大きくゆがめられて見える。

時間が止まって見える

ブラックホールに近づくほど時間が遅くなってみえ，ブラックホールの境界面（事象の地平面）では時間が止まり宇宙船がはりついて見える。これは一般相対性理論が予言する，重力による時間の遅れの効果によるもの。また，ブラックホールの近くから放たれる光は，強大な重力によってひきのばされ，波長が長くなる。可視光であれば波長が長いほど赤く見えるため，ブラックホールに近づいていく物体をながめた場合，赤くなるように見えることになる。

ブラックホールに近づいていく宇宙船
宇宙船に乗っている人は，時間の遅れを感じることはない。そのまま事象の地平面をこえてブラックホールに落ちていく。

事象の地平
（球面）

宇宙船
（ブラックホールに近づいていく
別の宇宙船をながめる）

背中側にある銀河

銀河A
（実際の方向）

銀河A
（宇宙飛行士の
見る像）

宇宙飛行士が見る全天
（せまい円の中に集中）

実際に光が
届いた方向

背中側の銀河から
曲がって届く光

光が届いたと
認識される方向

ブラックホール

密度が「無限大」
ブラックホールの中心には，質量が1点
（体積ゼロ）に集まった「特異点」がある
ことが理論的にみちびかれている。体積が
ゼロということは，特異点の密度（質量÷
体積）は無限大になってしまう。

特異点

ブラックホールに背を向けた
宇宙飛行士

背中側の星空が見える
ブラックホールは強大な重力で光を曲げる。そ
のため，ブラックホールに背中を向けて空を見
上げたとすると，背後からの光も曲がって目
に届く。ヒトは曲がって届いた光でも前方から
まっすぐ届いたように認識するため，全天がせ
まい領域に集中して見えることになる。

吸いこまれる光

光を飲みこむ
強大な重力で自然界の最高速度を
もつ光すら吸いこみ，吸いこまれた光
は出てこられない。そのため，ブラック
ホール自体は光を放たず，「黒い穴」
のように見えると考えられている。

1
時間目

ブラックホールとは何か

55

ブラックホールの性質を決める3要素

ブラックホールは，その性質によっていくつかのタイプに分けられます。

ブラックホールの性質？

ブラックホールの性質を決めるものは，**質量**，**回転（自転）**，**電荷**の三つです。
まず，質量がないブラックホールは存在しません。このため，回転と電荷の有無によって，理論上，ブラックホールは**4種類**の基本タイプに分けられています。

それぞれ，どのようなタイプなんですか？

ざっと見ていきましょう。
4種類の中で，最も単純なのが**シュバルツシルト・ブラックホール**とよばれるものです。これは，**静止した球体**のブラックホールです。

ふーむ，"おとなしいブラックホール"って感じですねぇ。

これは，ドイツの天文学者**カール・シュバルツシルト**（1873〜1916）が，一般相対性理論を使って星の内部や表面近くの重力を計算する式をみちびく際に計算を単純化するため，回転も電荷もない星を想定して求められたものです。

56

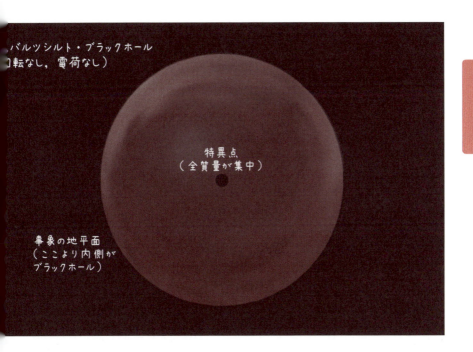

シュバルツシルト・ブラックホール
(自転なし,電荷なし)

特異点
(全質量が集中)

事象の地平面
(ここより内側が
ブラックホール)

しかし,すべての星は自転しているので,星の重力崩壊でできるブラックホールも**自転**していると考えるのが自然です。

自転しているブラックホールですか……。

自転している電荷のないブラックホールは**カー・ブラックホール**とよばれています。
カー・ブラックホールは,外側と内側に二つの地平面をもち,外側の地平面のさらに外側には**エルゴ領域**とよばれる部分があります。さらに回転しているので,特異点は**リング状**になります。

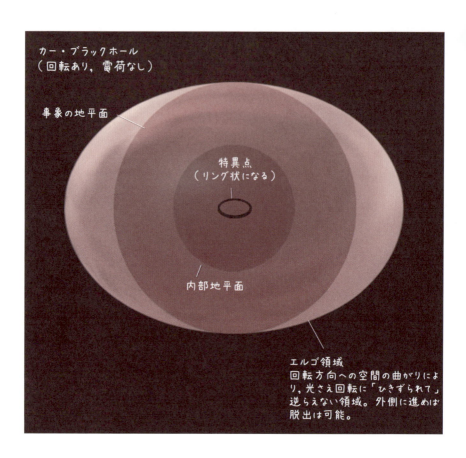

カー・ブラックホール
(回転あり,電荷なし)

事象の地平面

特異点
(リング状になる)

内部地平面

エルゴ領域
回転方向への空間の曲がりにより,光さえ回転に「ひきずられて」逆らえない領域。外側に進めば脱出は可能。

ちょっと複雑な構造をしているんですね。

今紹介した二つのブラックホールは電荷をもちません。電荷をもつブラックホールも考えられていて,**ライスナー＝ノルドシュトロム・ブラックホール**とよばれています。

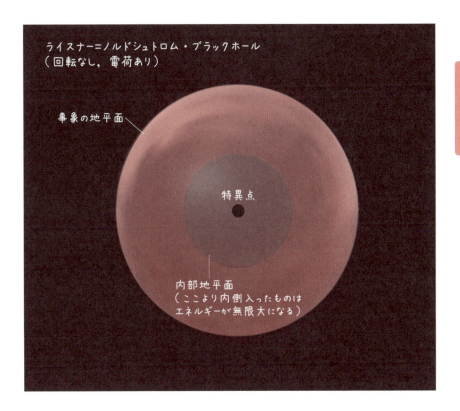

ラ,ライスナー……,長いです!

さらに,回転しているブラックホールで電荷をもつものは,**カー=ニューマン・ブラックホール**といいます。

この二つのタイプは,電気を帯びているということですよね?

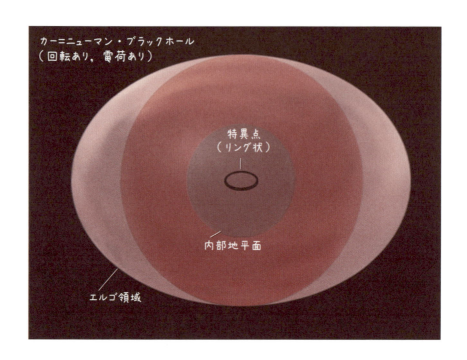

はい。
ただし, 電荷をもったブラックホールをつくるためには, 電荷をもった物質を重力崩壊させる必要があります。
しかし, ブラックホールになる前に電気力がはたらいて反発してしまうので, 電荷をもったブラックホールは**できにくい**と考えられています。

ということは, どれが最も一般的なブラックホールなんでしょうか？

実際に存在しているのは, 電荷をもたない二つのタイプで, **なかでも宇宙で最も一般的なのは,「回転あり・電荷なし」のカー・ブラックホールだと考えられています。**

ブラックホールに落ちるとどうなる？

さて、4種類のブラックホールを見てきましたが、ここで私たちは宇宙船に乗り、ブラックホールに突っこんでいくことを考えてみましょう！

こわすぎです！
私たちの宇宙船はどうなっちゃうんでしょう？

まず、私たちの不幸な宇宙船は、最も単純なブラックホールである**シュバルツシルト・ブラックホール**に落ちていくことにします。

回転と電荷のない、特異点が点状のブラックホールですね。

そうです。
シュバルツシルト・ブラックホールの場合、事象の地平面をこえていったん吸いこまれると、まっすぐ中心の特異点に向かって落下していきます。

ひーっ！

ブラックホールの中心に近づけば近づくほど重力が強くなるため、宇宙船の機体の先端部と後方部では、受ける重力に大きな差が生じます。これを**潮汐力**といいます。太陽や月の重力によって潮の満ち引きがおきるのと同じ原理です。

宇宙船はどうなるんでしょうか？

ブラックホールの潮汐力は宇宙船を引きのばしてしまいます。
普通の宇宙船なら，ここでこなごなになるでしょうね。

大きなブラックホールほど，この潮汐力も大きいんでしょうか？

いえ，意外にも，小さなブラックホールほど潮汐力は大きくなります。
たとえば，太陽と同じ程度の質量の小さなブラックホールの場合，事象の地平面に吸いこまれる時点で，潮汐力は地球表面の**1兆倍**にもなります。物質は**スパゲティ**のように細くひきのばされてしまうでしょう。

スパゲッティ！

一方，銀河中心にある巨大なブラックホールの場合，半径3000億キロメートルとすると，事象の地平面の潮汐力は地球表面の1000万分の1程度にすぎません。このため何の力も感じず，吸いこまれても何もかわったことはおきません。おそらく，ブラックホールに吸いこまれたことにさえ気がつかないでしょう。

じゃあ，吸いこまれるなら，大きなブラックホールの方が安心ということですね！

1 時間目

ブラックホールとは何か

いえいえ，いずれにしても中心の特異点に近づくにつれ，重力が強くなって引きのばされる力を感じます。そして最後には，やはり普通の宇宙船では，スパゲティのように引きのばされてしまいます。

ああ，やっぱりダメか……。

回転しているブラックホールに近づくとどうなる？

今度は，より一般的だと考えられている回転している**カー・ブラックホール**の場合を考えてみましょう。

回転しているだけで，何が変わるんでしょうか？

まず，カー・ブラックホールもシュバルツシルト・ブラックホールも見た目は変わりません。しかし，カー・ブラックホールに近づくと，はじめはブラックホールに一直線に向かっていたにもかかわらず，少しずつ軌道がずれて，ブラックホールの周囲をまわるようになります。これは**レンス・ティリング効果**とよばれています。

ブラックホールのまわりを回転する～!?
回転と反対向きにエンジンを吹かせば，回転せずに止まっていられるんでしょうか？

たしかに，ある程度はなれていれる場合は，ブラックホールの回転と反対方向に運動すれば，この効果を打ち消すことができるでしょう。

しかし近づくと，どんなにがんばって宇宙船のエンジンを吹かしても，静止していることすらできなくなります。

えー，どんなにがんばっても無理なんですか？

はい，回転に逆らうことはできません。

その理由はブラックホールのまわりの空間がブラックホールに引きずられ，かつ回転していて，それらを合わせた速度が**光速**を超えているからです。

シュバルツシルト・ブラックホールなら，空間の運動の速度は，事象の地平面で光速になります。

ところが，カー・ブラックホールの場合，回転方向の速度が加わるので，事象の地平面の外側で，空間の運動の速度が光速をこえてしまうのです。このカー・ブラックホールのまわりの空間で，光速度をこえる領域を**エルゴ領域**といいます。

ひょえー！

このエルゴ領域に入ると，ブラックホールに対して静止していることはできません。必ずブラックホールのまわりを回転しながら落ちていき，リング状の特異点に向かいます。

1

時間目

ブラックホールとは何か

内側の地平面

リング状の
特異点

エルゴ領域

外側の地平面

回転しながらブラックホールに吸いこまれていく物質
がたどる軌跡

67

特異点の中はどうなっている？

さて，どのタイプのブラックホールでも，落ち込むと最終的には特異点に到達します。

特異点って，ブラックホールの中心にある全質量が集まった点ですよね。もし宇宙船が特異点にまで落ち込むと，いったいどうなるんでしょうか？

実は，特異点で物質がどうなるかは，今でも未解決の大問題なんです。
そもそもブラックホールに吸いこまれた物質は，特異点に落ちる前に，その大きな潮汐力によって素粒子のレベルまでこなごなにされる可能性が高いです。素粒子というのは，それ以上分割できない，物質の最小の構成単位のことです。
ただ，現在の物理学では，特異点に落ちた物質がどうなるかは，わかっていません。

ふぅむ。

特異点は，密度が**無限大**の点です。
現在の物理学では，この無限大をあつかえる理論がないのです。 一般相対性理論で，特異点について計算しようとしても計算不能におちいってしまいます。
特異点はまさに，現代物理学がおよばない，**時空の果て**なのです。

特異点は謎の存在なんですね……。
どうにか特異点の謎を解き明かすことはできないのでしょうか？

特異点の謎を解き明かすためには，現代物理学の土台となっている，**一般相対性理論**と**量子論**の二つを融合させた新しい理論が必要だと考えられています。

りょ，りょうしろん？

量子論とは，原子や，それ以上分割できない電子や光子といった素粒子のような，**ミクロな世界**を支配する法則についての理論です。
ミクロな世界では，物質が波のような性質をもったり，一つの物質が同時に複数の場所に存在したりと，私たちの常識では考えられないような現象がおきるんです。

ひぇー，むずかしそうな理論ですね。
とにかく量子論は小さなものを取りあつかうための理論ってことですね。

ええ，その通りです。
一方，時空の理論である一般相対性理論は，主に**マクロな（巨視的な）世界**をあつかう理論だといえます。
通常の私たちが生活しているスケールでは，一般相対性理論の効果はほとんど見えてきませんが，宇宙規模になると，一般相対性理論が大きく影響してきます。
このように量子論とは守備範囲がまったくことなります。

ブラックホールとか銀河とか，強大な重力とか，たしかに一般相対性理論が対象とするのは，大きなマクロの世界でしたね。

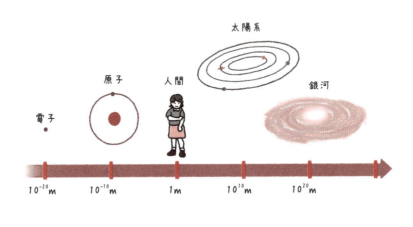

そこで，量子論と一般相対性理論の二つを"融合"することができれば，自然界のあらゆる現象を説明できる**究極の理論**になると期待されています。

その理論をもってすれば，ブラックホールの特異点の謎も解明できるかもしれません！

一般相対性理論と量子論を融合させた究極の理論！
すごそうですね！

この２大理論の融合は，現在の理論物理学者たちの**最大の目標**の一つになっています。
しかし究極の理論への道のりは非常にけわしく，数十年にもわたる理論的な研究を経ても，いまだ完成にはいたっていません。

うぅむ。
やっぱりむずかしいんですね。

しかし，物理学者たちは究極の理論の**有力な候補**と考えられている理論にたどりついています。
その理論を**超ひも理論**といいます。

ちょうひもりろん……。
どのような理論なのでしょうか？

超ひも理論は，自然界の最小単位である素粒子の正体を**ひも**だと考える理論です。
現在，素粒子は**17種類**が発見されています。自然界のあらゆるものは，これらの素粒子が集まってできているのです。
そして，超ひも理論では，すべての素粒子の正体を**ひも**だ，と考えます。

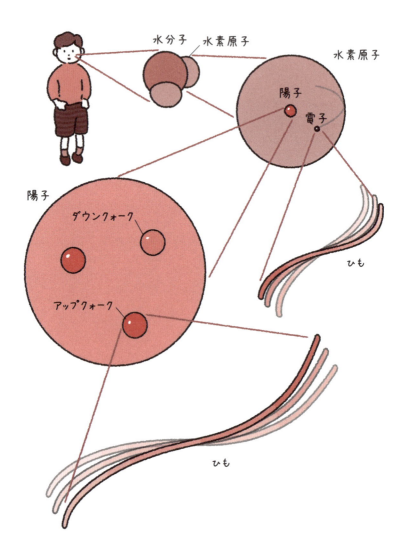

素粒子がひも〜!?
じゃあ,身のまわりのものはすべて,ごくごく小さな目でみると,ひもの集まりだってことですか?

そういうことです。超ひも理論によると,私たちの体も,星たちもすべては極小のひもでできていることになります。

ひもって,どれくらいの長さなんですか?

10^{-35}メートルほどです。
この極小のひもは振動しており,その振動のちがいが,ひもを別々の素粒子のようにみせているのです。

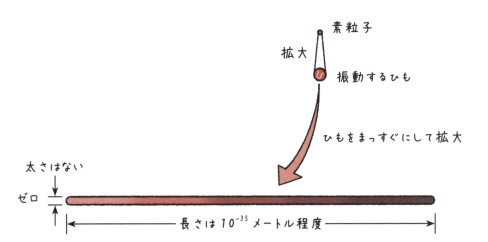

しかも、このひもは、物質の根源であるだけでなく、あらゆる**力の根源**でもあります。
そのため、ブラックホールの特異点近くでは、物質も重力も区別できなくなるのではないかと考えられています。

もう意味不明ですね。

さらに、このひもが存在するのは、空間が**9次元の世界**のときです。
私たちの住む宇宙空間は、縦・横・高さの**3次元空間**といわれています。9次元空間とは、3次元空間の各点各点に6次元の広がりをもつ空間が存在するという考え方です。

3次元空間の各点に6次元空間が存在する!?
さっぱり意味がわかりません！

6次元の世界を理解するためには、マカロニを想像してみるとよいでしょう。マカロニを遠くからみると、1本の線のようにみえますよね。しかし近づいてよくみると、太さがあってしかも管になっていることがわかります。

たしかにそうです。

マカロニは遠くからみると長さ方向の1次元しか見えませんが、実際には複雑な構造をもつ**3次元の立体物**です。

これと同じように、3次元のように見える私たちのまわりの空間も非常に小さなスケールでみると、マカロニのような、6次元の方向があるかもしれないのです。

小さすぎて、私たちが気づいていないということですか？

そのとおりです。
そしてもしかすると、ブラックホールの特異点では、余分な6次元が顔を出してきて、9次元の空間の中で、こなごなになったあとのひもが振動しているのかもしれません。

さっぱりわかりませんが,とにかく特異点が想像を絶する,まだ未知の領域であることはわかりました。

> **ポイント！**
>
> ブラックホールの特異点に落ちると？
> 特異点に落ち込んだものがどうなるのかはわかっていない。それを解明するには,一般相対性理論と量子論の融合が必要だと考えられている。

リング状の特異点をもつブラックホール

静止しているシュバルツ・シルトブラックホールの特異点は大きさゼロの点です。
しかし回転しているカー・ブラックホールの特異点は,その遠心力のために**リング状**をしていると考えられています。

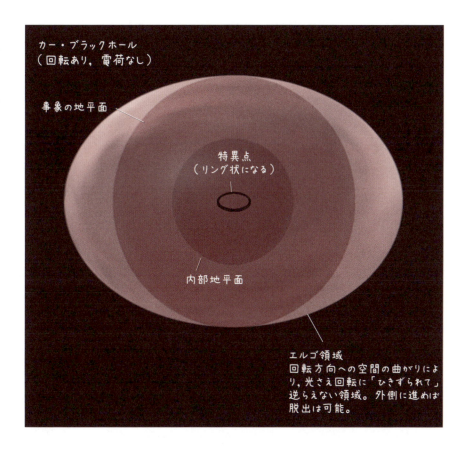

カー・ブラックホール
(回転あり,電荷なし)

事象の地平面

特異点
(リング状になる)

内部地平面

エルゴ領域
回転方向への空間の曲がりにより,光さえ回転に「ひきずられて」逆らえない領域。外側に進めば脱出は可能。

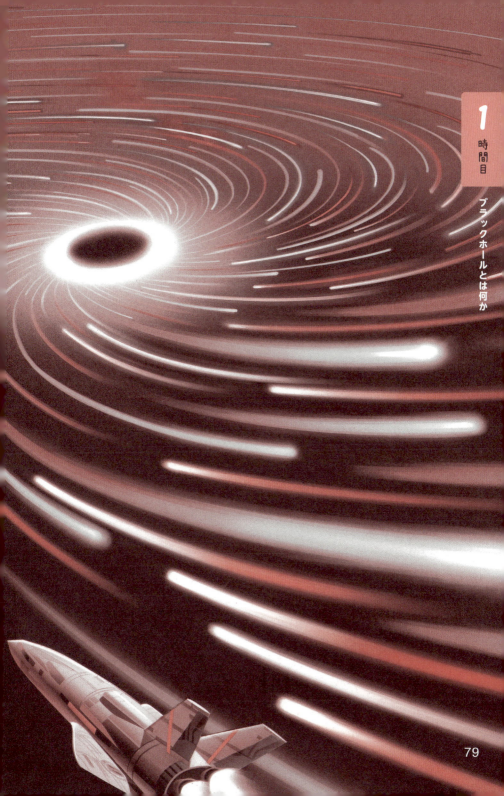

1時間目 ブラックホールとは何か

リング状!?
ということは、真ん中があいているわけですか？

そうです。
回転していないシュバルツシルト・ブラックホールの場合、事象の地平面に入った物質は、必ず特異点に向かいます。
しかし、回転しているカー・ブラックホールの特異点は、遠心力でリング状に広がっているため、さけて通れる可能性があるんです。

さけて通れる!?
どうすればいいんでしょう？

事象の地平面に吸いこまれたあと、何もしないで身をまかせていると、やはり特異点にぶつかってしまいます。
しかし、たとえばリングの真ん中に突入するように懸命に宇宙船のロケットエンジンを吹かせば、もしかするとリングの真ん中を中央突破できるのかもしれません。

おお！　だとしたら、宇宙船のキャプテンの腕前によっては、助かるのか！

うーん……、たとえ特異点を避けられたとしても、助かるのかはわかりません。リングを通り抜けたらどうなるのかはわかっておらず、さまざまな仮説が提唱されているのです。

まず，リングを通り抜けると，ちょうどブラックホールに吸いこまれたときと正反対のことがおきて，われわれの宇宙とはことなる，**ほかの宇宙にはきだされる**という説があります。
このようにはきだす一方のブラックホールも存在する可能性があり，これを**ホワイトホール**とよんでいます。

ホワイトホール!?

さらに研究者の中には，次のようなことがおきるだろうと想像する人もいます。
それは，カー・ブラックホールは，ほかの宇宙のホワイトホールとつながっていて，別の宇宙へとはきだされるというものです。 さらに，その宇宙にも別の宇宙につながるカー・ブラックホールがあるといいます。
このように，カー・ブラックホールをかけ橋とし，無限の数の宇宙が結びついているのかもしれません。

ブラックホールが別の宇宙とつながっている〜!?
まるでSFですね。

現実の星の重力崩壊によってできたカー・ブラックホールの内部に，ほんとうにほかの宇宙への抜け道があるかどうかはよくわかっていませんけどね。
ホワイトホールについては，4時間目で考えてみましょう。

ブラックホールは蒸発する

いったんブラックホールの事象の地平線を超えた物質は,ふたたび外へ出てくることはできません。そのため,かつてはブラックホールの質量は増加する一方であると考えられてきました。

なんでも飲みこんでどんどん太る一方だと考えられたんですね。

ところが,イギリスの理論物理学者**スティーブン・ホーキング**(1942〜2018)は,ミクロな世界の物理法則である**量子論**を考慮することで,ブラックホールが**蒸発**する可能性があることを示しました。

スティーブン・ホーキング
（1942〜2018）

 ## ブラックホールが蒸発！？

 ブラックホールは時間とともに，光の粒子（光子）などのさまざまな粒子を出して，質量を失っていくと考えられたのです。

 だんだん縮んでいくんですか？

 そうです。
ブラックホールの蒸発のカギとなるのは，**対生成**と**対消滅**とよばれる現象です。

どういう現象なんでしょうか？

量子論によると，素粒子レベルのミクロなスケールで見ると，何もない真空でも新たな粒子が生まれたり消えたりしていることになります。

粒子の生成と消失はかならずペアでおきます。たとえば，ある瞬間に，電子と電子の反粒子（質量などの性質が同じで，電荷などの符号が反対の粒子）である陽電子が対になって生まれます。これが対生成です。そして，そのペアが衝突すると消えます。こちらが対消滅です。

たとえ何もないように見える空間でも，ミクロな目で見ると，対生成と対消滅がさかんにおきているのです。

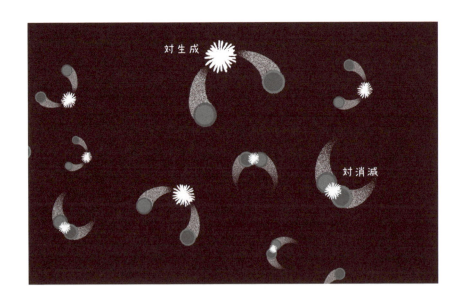

粒子が自然にあらわれたり，消えたりするなんて，とても信じられませんね。
でも，その現象がブラックホールの蒸発と，何の関係があるのでしょう？

ブラックホールの表面（事象の地平面）のすぐそばで対生成がおきた場合を考えてみましょう。
対生成した粒子と反粒子のうち，一方がもし事象の地平面の内側へ入ると，ブラックホールの中心へどんどん落ちていき，もう一方と出会えなくなることがあります。

生き別れに!?

すると，もう一方は，対消滅をおこす相手を失いますから，その一部はブラックホールの外側に向かって飛んでいきます。こうして，ブラックホールから粒子や反粒子が放出されるように見えるわけです。これを**ホーキング放射**とよびます。

ホーキング放射によってブラックホールから飛び出した粒子（または反粒子）はエネルギーをもちます。ということは，粒子を放出したブラックホールは，ほんのわずかですがエネルギーを失うわけなのです。

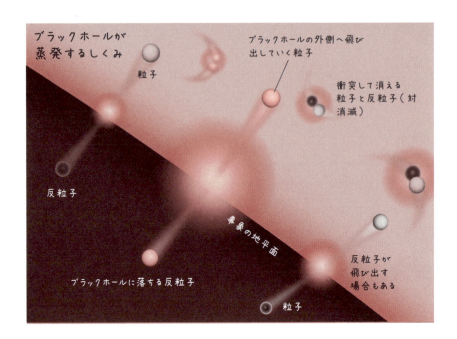

ふむふむ。

ここでアインシュタインの有名な式 $E=mc^2$ というものがあります。
この式は，エネルギー（E）と質量（m）が本質的に同じものだということを示しています。
そのため，エネルギーを失ったブラックホールは，その分，質量を減らすことになるのです。

ふぅむ。
実際にブラックホールが小さくなっていることは観測されているんでしょうか？

いや,通常の大きさのブラックホールでは蒸発はごくわずかで,観測は不可能です。

ブラックホールの情報パラドックス

ブラックホールの蒸発については,大きな謎があります。それが,**ブラックホールの情報パラドックス**とよばれる問題です。

どういう問題なのでしょうか?

たとえば,あなたは恋人にラブレターを書いたとします。しかしその手紙は,不用心から燃えてしまいました。
では,この燃えてしまった手紙の灰から,もとの手紙の内容を知ることはできるでしょうか?

どう考えても無理です!

たしかに普通はそのように考えるでしょう。
しかし,先ほどにも説明した量子論という理論によると,手紙の灰や煙の粒子,燃やしたときに出る光などの中に,「どんな紙だったのか」「どんな内容が書かれていたのか」といった,燃やす前の手紙の**情報**が残されているはずだといいます。

ほう。

灰や煙，光などを完全に回収，または観測することができれば，理論的には手紙を復元できるはずなのです。
このように，**情報は消え去ってしまうことがない**という考え方は，量子論の根本的なルールだと考えられています。

現実には不可能でしょうけど，理屈はわかります。

では，手紙を**ブラックホール**に投げ入れた場合はどうでしょうか。
手紙はブラックホールの中へと落ち込んでいきます。さらにブラックホールもホーキング放射のため，長い時間ののちに蒸発してしまいます。

飲み込んだ手紙もろともブラックホールは消えてなくなる，ということですね。

そうです。ここで，先ほどのルールを思い出してください。つまり，手紙の情報は消え去ってしまうことはないはずです。
ということは，燃やした手紙の灰や煙，光を回収するのと同じように，ブラックホールからのホーキング放射を集めることで，手紙の情報を復元できるのでしょうか。

うーん，どうなんでしょう？

ホーキングは,ブラックホールに落ちた手紙の情報は永遠に失われてしまうと予想しました。なぜなら,ホーキング放射には情報が含まれていないためです。しかしこれは「情報は保存する」という原理に矛盾する結果です。つまり,ホーキング放射によるブラックホールの蒸発は,物理学的な矛盾(パラドックス)を生じるのです。これが**ブラックホールの情報パラドックス**です。

ふぅむ。

ホーキングのこの主張は,大きな論争を巻きおこしました。ブラックホールが情報を消し去ってしまうとすると,物理学,とくに量子論の根底が大きくゆらいでしまいます。そのため,ホーキングが何かを見落としていて,実際にはブラックホールが情報を消し去ることはない,と考える研究者もいました。

うーん,どっちが正しいのでしょう。

アメリカの理論物理学者**ジョン・プレスキル**は,ブラックホールの蒸発によって情報が失われることはないと考えて,ホーキングと**賭け**をしたと伝えられます。
もしも情報が失われることが証明されればホーキングの勝ち,失われることがないとわかればプレスキルの勝ちとなるものです。理論物理学者たちは,このパラドックスをめぐって,**20年**にわたってはげしい論争をくり広げたのです。

20年も……結局,どうなったんですか?

この論争は**超ひも理論**によって,一応の決着をみました。超ひも理論によると,ブラックホールに落ちた情報は,その表面(事象の地平面)に残ると考えられるのです。**そして最終的にはホーキング放射を回収して情報を復元できることになります。**ホーキングも,2004年に自身の負けを認め,プレスキル博士には賭けの賞品として**百科事典**が贈られたということです。

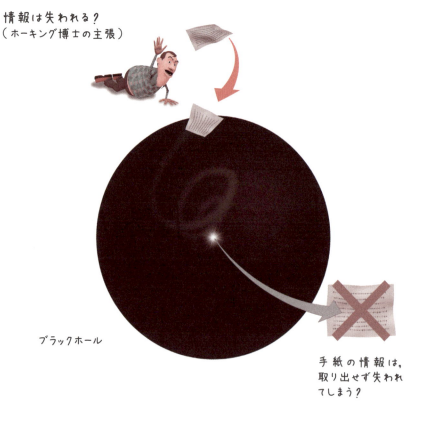

情報は失われる?
(ホーキング博士の主張)

ブラックホール

手紙の情報は,取り出せず失われてしまう?

20年にわたる賭けの賞品が百科事典ですか。

ただし,情報パラドックスはまだ解決したとはいえない,と考える研究者も大勢います。なにより,超ひも理論はまだ完成したわけではなく,超ひも理論によってブラックホールの性質が解明されたともいえないからです。
情報パラドックスがどのように説明されるかは,超ひも理論やほかの量子重力理論の今後の進展を待つ必要がありそうです。

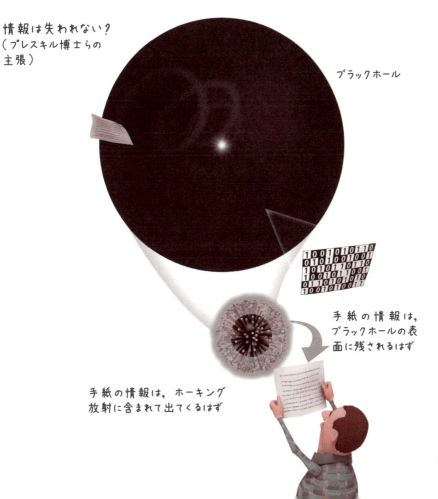

情報は失われない?
(プレスキル博士らの主張)

ブラックホール

手紙の情報は,ブラックホールの表面に残されるはず

手紙の情報は,ホーキング放射に含まれて出てくるはず

未来の宇宙はブラックホールだらけ？

現在，宇宙にはたくさんの星がきらめいています。しかし遠い未来に私たちの宇宙は，**ブラックホールだらけ**になるのではないか，と考えられているんですよ。

ブラックホールだらけ!?
怖すぎるんですけど……。

まず，**80億年**ほど未来には太陽が燃えつきてしまい，火星の軌道付近まで膨張します。
そして最後は白色矮星になって生涯を終えます。

80億年後の未来……。人類は存在しているのだろうか。いずれにしても，そこで太陽は寿命をむかえるわけですね。

はい。
恒星は大きいほど，すぐに核融合の燃料を使いはたすため，寿命が短くなります。そのため太陽よりも軽い星はより長く燃えつづけますが，それでも**約100兆年**の未来にはすべての星が燃えつきてしまいます。

もはやイメージのつかない時間スケールですね。
そのころには，きらめく星が存在しないのでしょうか？

ええ，銀河の中には，ブラックホールや冷えた中性子星，冷えた白色矮星，そしてはじめから燃えることのなかった木星のような星だけになり，真っ暗な宇宙になるでしょう。

なんだか，さみしいですねぇ。

さらにたくさんの星から構成される銀河もいずれなくなると考えられています。
銀河の中心には**巨大なブラックホール**が鎮座しています。そこに銀河を構成する天体たちが飲みこまれていき，最終的には銀河が消失してしまうのです。
そして銀河中心のブラックホールは，飲みこんだ天体のぶん，大きくなります。

ひぃー，そのころの宇宙はどのようなようすなんでしょうか？

銀河がつぶれてできた巨大なブラックホールの間の広大な空間を，小さなブラックホールや冷えた星がさまよっている宇宙になるでしょう。これが今からおよそ**10^{20} 年後**，つまり**1 秭年後**です。

とんでもない未来だ。

さらに，時間が経つと，陽子や中性子が崩壊すると予想されています。
そうなると，通常の物質は存在できませんから，白色矮星や中性子星も蒸発します。

1 時間目 ブラックホールとは何か

93

そして宇宙はブラックホールだらけになります。

 ブラックホールだらけの宇宙！
永遠に**真っ暗闇**ってことでしょうか？

ほとんどの期間は、
ゆっくりと蒸発

明るくなり
はじめる

いえ，やがてブラックホールは蒸発をはじめて輝きはじめるでしょう。

ブラックホールは小さいものほど，早い段階で蒸発しはじめます。もし観察できるなら，はじめは鈍い赤色で輝きはじめ，次第に白く輝きだすはずです。

1 時間目　ブラックホールとは何か

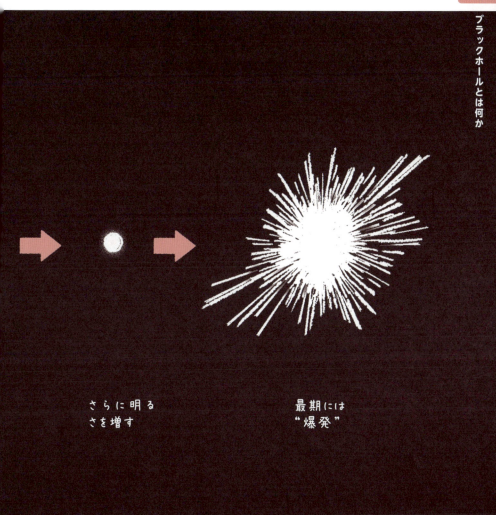

さらに明るさを増す

最期には"爆発"

宇宙の最期の輝きってことですね。

そうですね。
やがて銀河がつぶれてできたような巨大なブラックホールが生涯を終えるときには，宇宙に最終的な"死"が訪れます。宇宙は暗闇に閉ざされ，素粒子だけが飛びかう世界になるのです。

1 時間目

ブラックホールとは何か

偉人伝 ❶

物理学を一変させた, アルバート・アインシュタイン

アルバート・アインシュタインは1879年，ドイツのウルムに生まれました。子供のころのアインシュタインは，ひとり遊びが好きで，友達とはあまり遊ばなかったようです。数学に興味をもつようになり，16歳までに微分と積分を独学で勉強しました。

奇跡の年がおとずれた

1895年，アインシュタインは，チューリッヒにあるスイス連邦工科大学を受験しました。数学と自然科学の成績はよかったものの，言語や歴史の成績が悪かったため，試験は不合格でした。その翌年に再度受験し，無事合格します。大学では電気工学と物理学を学びました。

大学卒業後は特許局に勤めました。仕事のかたわらに，研究に打ちこみました。そして1905年，物理学を一変させる理論「特殊相対性理論」を発表します。これは時間の進み方や空間の長さは，動いている人や物の速さに応じて伸び縮みすることを明らかにした理論です。特殊相対性理論によると，高速で移動している人の時間は遅くなり，さらに空間が縮むことになります。

アインシュタインが1905年に発表した革命的な論文はこれだけではありませんでした。ノーベル賞の受賞理由となった「光粒子仮説」や，「ブラウン運動の理論」など，5本の論文をたてつづけに発表したのです。1905年は，「奇跡の年」とよばれています。

さらに1915～1916年には，特殊相対性理論を発展させて，「一般相対性理論」を完成させました。これは，重力が時空（時間と空間）のゆがみによって生じると考える理論です。

そのほかにもアインシュタインは，宇宙論や量子力学などの研究にも取り組みました。そしてある時期から，重力と電磁気力を統一する「統一理論」の研究に没頭しはじめますが，結局それを成し遂げることはかないませんでした。

平和活動を推進

1933年，ナチスのユダヤ人弾圧がはじまったため，アインシュタインは，ドイツを出国し，アメリカに亡命します。そしてナチスの脅威を背景に，アメリカ大統領に原子爆弾の開発を進言する手紙に署名しました。

戦後，手紙に署名したことをアインシュタインはひどく後悔し，軍縮を訴えるなど，平和活動を行いました。1955年4月11日，哲学者ラッセルとともに核兵器廃絶を訴える宣言に署名します。そしてその月の18日，アインシュタインは76歳で心臓病のため死去しました。

STEP 2 ブラックホールの候補を発見

ブラックホールは，今から約 100 年前にその存在が理論的に予言されました。そこからどのような経緯をたどってブラックホールの存在は確かなものになったのでしょうか。

物や光を無限に吸いこむ天体が考えだされた

先生，ブラックホールって，いったいどうやって見つかったんでしょうか？

ブラックホールは観測されてはじめてその存在が明らかになった天体ではなく，もともと重力に関する**二つの理論**によって予言された天体なんですよ。

重力に関する二つの理論？

まず，一つ目の理論はニュートンの**万有引力の法則**です。
万有引力の法則は，すべての物体は，その質量に応じた大きさの引力をもっている，とする法則です。

あっ，たしかリンゴが落ちるのを見て，ひらめいたってやつですね！

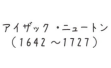
アイザック・ニュートン
（1642〜1727）

そうです。
18世紀末の科学者たちは，このニュートンの万有引力の法則にもとづいて，**光でさえ脱出できない星**を考えました。
天体の質量をどんどん大きくしていけば，ついには光の速さをもってしても，天体の重力を振り切って飛び去ることができなくなります。そのような天体は光すら脱出できないので観測できない，つまり**見えない星**になるだろうと予想したのです。

そっか，光が脱出できない天体は，見ることができないはずなんですね。
それで二つ目の理論というのは？

もう一つの理論がアインシュタインの**一般相対性理論**です。

重力の正体が，**時空のゆがみ**だっていう理論ですね。

そうです。
1916年，ドイツの物理学者**カール・シュバルツシルト**はこの一般相対性理論から，恒星の表面近くや内部の重力について計算する式をみちびきました。
その式の一つの答えは，恒星が押しつぶされて密度が高くなりすぎると，物や光を無限に吸いこむようになるというものでした。

カール・シュバルツシルト
（1873～1916）

それがブラックホール，ということですか？

そうです。
この非常に小さく高密度な天体は，はじめ**凍りついた星**などとよばれていましたが，1967年からは，アメリカの物理学者**ジョン・ホイーラー**（1911〜2008）が名づけた**ブラックホール**というよび名が広まったのです。

ブラックホールの名づけ親は，ホイーラーさんという物理学者だったのか。
ブラックホールは，その名の通り，黒い穴というわけですね。

はい。次のページのイラストは，ブラックホールが時空を曲げているイメージをえがいたものです。
大きく傾いている場所ほど，ブラックホールの重力によって時空が大きくゆがめられていることをあらわしています。

中心にいくほど，曲面が大きく傾いてますね。
ブラックホールの近くの光は，この時空のゆがみのせいで，直進できないわけですね。

はい。光は，ゆがんだ時空の中を通るため，ちょうどボールをこの曲面に転がしたときのように，ブラックホールのほうへ引き寄せられるのです。

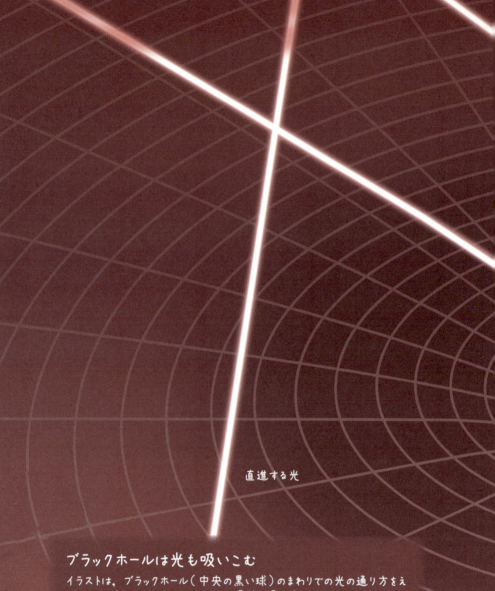

直進する光

ブラックホールは光も吸いこむ

イラストは、ブラックホール（中央の黒い球）のまわりでの光の通り方をえがいた。ブラックホールからはなれた場所を通る光は、ほとんどブラックホールの影響を受けない。しかし、ブラックホールの近くを通る光は、その進路を大きく変えられたり、吸いこまれて抜けだせなくなったりする。ブラックホールの下に広がる曲面は、大きく傾いている場所ほど、ブラックホールによって空間が大きくゆがめられていることをあらわしている。

事象の地平面

特異点

進路がわずかに変わった光

進路が大きく曲がった光

ブラックホールに
吸い込まれた光

1
時間目

ブラックホールとは何か

105

ブラックホール自体は光を発しません。またブラックホールの背後からの光はブラックホールに吸い込まれて反対側に出てきませんから，ブラックホールは宇宙空間に開いた巨大な穴のように見えることになります。

「あるわけない」と思われたブラックホール

宇宙空間に開いた巨大な穴かぁ。
ブラックホールが本当に存在するなんて，ちょっと信じられないなぁ。STEP1のお話を聞いてもまるでSFのようでした。

そうでしょう。実は，当時の多くの天文学者はもちろん，一般相対性理論をとなえた**アインシュタイン**ですらも，ブラックホールが宇宙のどこかに存在することはない，と考えていたんですよ。
アインシュタインは1930年ごろまで，ブラックホールの存在をさまたげる道の手がかりを探しつづけたといわれています。

アインシュタインすらも!?

ええ。ブラックホールを生むには，ものすごい質量をめちゃくちゃ小さな領域に押しこまないといけません。
たとえば，地球であれば，圧縮してブラックホールにするには**半径9ミリメートル**まで圧縮されないといけません。

地球を9ミリに!?
そんなこと,ありえないでしょ!

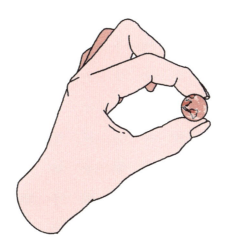

普通はそう考えますよね。多くの天文学者たちも,そんなことができる環境が実在するはずがないと考えました。ブラックホールの存在は信じられていなかったのです。

そう考えるのは当然だと思います。

しかし,1930年代になると,ある若者の考えをきっかけに,ブラックホールは実在するかもしれないと考えられるようになります。
その若者の名は,物理を学ぶ弱冠20歳のインド人学生**スブラマニアン・チャンドラセカール**(1910〜1995)です。チャンドラセカールは**白色矮星**という天体の研究からブラックホールの実在する可能性を示したのです。

白色矮星?

白色矮星というのは,小さな恒星が燃料を使いはたしたのちに,収縮してできる非常に小さくて密度の高い天体です。
その密度は,1立方センチメートルあたり,100キログラムほどにおよびます。

とんでもない密度ですね。
チャンドラセカールさんは,その白色矮星について,どのようなことを発見したのでしょうか?

チャンドラセカールは,白色矮星が耐えることができる自身の重力に限界があることを,理論的にみちびきだしました。 つまり,ある値よりも大きな質量をもつ白色矮星は,やがて自身の重力に負けてつぶれてしまうことを発見したのです。

限界の自身の重力ってどれぐらいなんですか？

チャンドラセカールは,「白色矮星の質量が太陽の質量の**1.46倍**になると,つぶれて半径がゼロの星になる」と考えました。当時,まだ「ブラックホール」という言葉はありませんでしたが,これはまさにブラックホールを予言していました。

スブラマニアン・チャンドラセカール
（1910〜1995）

ほぉ。質量の大きな白色矮星を考えると,ブラックホールが生まれ得るということなんですね。
これでブラックホールが実在することが,認められたわけですね！

いえ，当時の権威ある天文学者たちはこの説に強く反論しました。

質量の限界を超えた白色矮星が本当につぶれてしまうとすると，その質量は極めて小さい一点に集中することになります。これはすなわち，密度が無限大で，時空が無限にゆがんでいることになります。

物理学では，無限をうまくとりあつかうことができません。そのため，チャンドラセカールの考えはなかなか受け入れられなかったのです。そうして，チャンドラセカールは研究分野を変えてしまったといわれています。

うぅむ。

さて，チャンドラセカールが仮説を発表したのと同じころ，イギリスの原子物理学者ジェームズ・チャドウィック（1891～1974）によって，原子核を構成する**中性子**が発見されました。

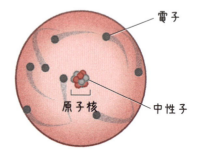

そして1934年になると，主に中性子からなる**中性子星**が，アメリカの天文学者**フリッツ・ツビッキー**（1898～1974）やロシアの物理学者**レフ・ランダウ**（1908～1968）によって提案されたのです。

110

中性子星？
どういう星なんでしょうか？

中性子星というのは，その名の通り，主に中性子からできている天体です。
非常に重い恒星の中心部が重力によって収縮してできると考えられており，質量は1立方メートルあたり**1億〜10億トン**という，超高密度な天体です。

ムチャクチャ重い！
白色矮星よりもさらに高密度ですね。中性子星も，白色矮星と同じく恒星の残骸みたいな天体ということですか？

その通りです。
そして1939年，アメリカの物理学者**ロバート・オッペンハイマー**（1904〜1967）が，中性子星にも質量の限界があることを理論的にみちびきました。「中性子星は**太陽質量の3倍**をこえると，重力に耐えきれずに崩壊（重力崩壊）し，つぶれつづける」ととなえたのです。

1時間目 ブラックホールとは何か

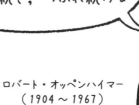

ロバート・オッペンハイマー
（1904～1967）

白色矮星よりも重い中性子星にも質量の限界があったんですね。

そうです。そして中性子星よりも強い重力に耐える星は考えだされませんでした。こうして天文学者たちは、「あまりにも重い星が燃えつきて重力崩壊をおこすと、際限なくつぶれて、ブラックホールになるかもしれない」、と考えるようになったのです。

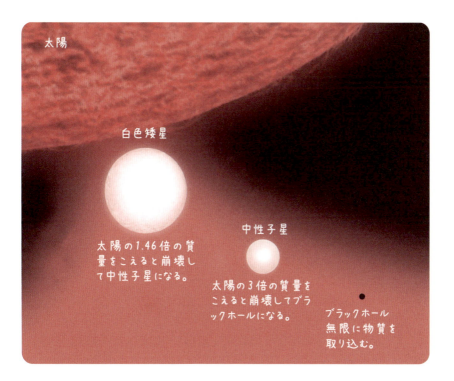

1時間目 ブラックホールとは何か

> **ポイント！**
>
> オッペンハイマーの予想
> 　太陽の質量の3倍を超える中性子星は、自身の重力に耐えきれず、際限なくつぶれてブラックホールになる。

強力なX線を放つブラックホール

このように、ブラックホールを誕生させる現象の理論的な裏づけは、オッペンハイマーによって得られました。しかし困ったことに、ブラックホールそのものから光（電磁波）が届くことはないため、ブラックホールそのものを観測することはできませんでした。

うぅむ、でもそれじゃあブラックホールが本当に存在するのか、それとも単なる空想上のものでしかないのか、わからなくないですか？

そうなんです。
ところが、1960年代に**間接的に**であれば、観測可能なことがわかってきたのです！

ブラックホールは見えないのに、いったいどうやってブラックホールを観測するんですか？

たしかにブラックホール単独では観測は困難です。しかし、恒星とペアをつくる**連星ブラックホール**なら、見つけだせると考えられたのです。

連星ブラックホール？

連星とは，二つの恒星が共通の重心をまわっている天体のことで，普通は明るいほうを**主星**，暗いほうを**伴星**とよびます。また三つ以上の恒星が連星をなしている**多重連星**もあります。

私たちの太陽は単独の恒星ですが，宇宙ではむしろ，二つ以上の恒星がセットになった連星のほうが一般的なんですよ。

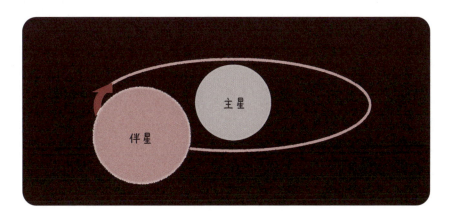

単独で存在している太陽の方が珍しい存在だったんだ。意外でした。

ほかの恒星と連星をなしているのが連星ブラックホールです。

恒星はガスのかたまりなので，連星ブラックホールであれば，**恒星の周囲のガス**はブラックホールに吸い寄せられると考えられます。

降着円盤
円盤の中心でブラックホール
が回転している。

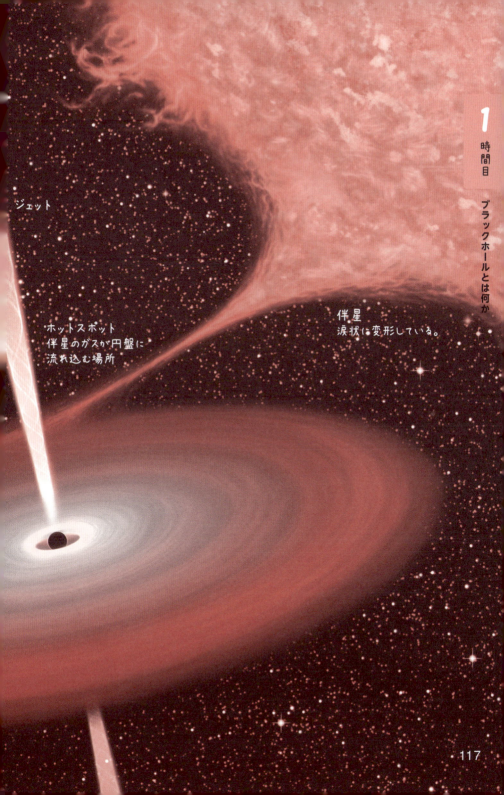

ガスはそのまままっすぐブラックホールの中に吸い込まれるんですか？

いえ，はぎとられたガスはブラックホールの周囲に円盤状の構造である**降着円盤**をつくり，渦を巻くようにブラックホールへと落ちこんでいくと推測されました。
このブラックホールに回転しながら落ち込んでいくガスこそ，ブラックホール観測のための鍵になるんです！

ブラックホールのまわりにできるガスの円盤ってどれくらいの大きさなんですか？

太陽の10倍の質量をもつブラックホールの場合，ブラックホールの半径は**約30キロメートル**で，このとき円盤全体の大きさは**300万キロメートル**ほどになります。

ブラックホールにくらべて，降着円盤はすっごく大きいんですね。

そうなんです。
ブラックホールを1ミリメートルとすると，周囲100メートルに降着円盤が広がっていることになります。
非常に小さなブラックホールが，巨大な円盤をつくり，振りまわしているわけです。

ふむふむ。
それでその降着円盤がなぜブラックホール観測のカギになるんでしょうか?

降着円盤のガスは,ブラックホールの周囲をものすごいスピードで回転しています。そのため円盤のガスどうしは,摩擦によって加熱され,回転速度の速い中心付近ほど高温となります。その温度は中心付近では**数千万℃**にもなります。これほど高温に加熱すると,高エネルギーの光である**X線**を発するようになるのです!

ブラックホール自体からは光は出てこないけど,その周囲のガスからはX線が出ているということですか?

そのとおりです。
つまりブラックホールに吸いこまれる直前の物質からは,強力なX線が放射されているはずです。ですからX線そのものや,ジェット噴射の痕跡を観測できれば,それはブラックホールの可能性があるわけです。

> **ポイント!**
>
> ブラックホールの観測
> 　連星ブラックホールの降着円盤からは強いX線ジェットが噴射されている。

X線を放射する降着円盤

イラストは，降着円盤の中心部をえがいている。この領域では，高温になったガスからX線が放射されている。

X線の目がブラックホールの候補を見つけた

ブラックホールの証拠を見つけるためには、強力なX線を放つ天体を探せばいいんですね！
X線は望遠鏡で観測できるんですか？

地球には、可視光線や紫外線、赤外線、X線など、さまざまな光（電磁波）が降り注いでいます。ですが、そのうちのX線は、地球の大気に吸収されるため、地上の天文台では観測できない光の一つなのです。
このため、宇宙からのX線をとらえるには、空気のない**宇宙空間**からの観測が不可欠です。

宇宙空間からX線を観測する!?
そんなことできるんですか？

はい、1960年ごろからロケットにX線センサーをとりつけ、打ち上げる試みが行われています。しかし当初、多くの天文学者は、この試みが**無駄に終わる**と考えていました。

ええ？　どうしてですか？

方法としてはいいのですが、強いX線を放つ星自体がないと考えられたんです。
物質は、その温度に応じた光を放っています。たとえば太陽の表面は**6000℃**ほどで、主に可視光線を放っています。

これに対し、強いX線を放つには、**1000万℃以上**の高温が必要になるのです。当時知られていた星の表面温度は、高くても数万℃ほどだったため、多くの天文学者たちは、1000万℃の天体などあるはずがないと考えていたのです。

せっかく、ロケットでX線を観測する装置を宇宙に飛ばしても、何も観測できないと考えられたんですね。
実際にはどうだったんでしょうか？

なんと1962年にさそり座の方向に強力なX線を放つ天体が発見されたのです。この天体は**さそり座X-1**と名付けられました。

おぉ！　X線を放つ天体が見つかったんですね！
ということはさそり座X-1はブラックホールだったんでしょうか？

いえ、さそり座X-1は、**中性子星と恒星からなる連星**でした。
中性子星の降着円盤からX線が放たれていたんです。
さそり座X-1は、比較的、地球の近くに存在しており、地球に降り注ぐ全X線量の約3割を放射しています。

うぅむ、ブラックホールではなかったのかぁ。

しかし1964年に，観測ロケットによって太陽から約**6000光年**の距離にある**はくちょう座X-1**が発見されました。
はくちょう座X-1は強力なX線を放つ天体で，太陽系と同じ天の川銀河の**オリオン腕**にあります。

はくちょう座X-1はブラックホールだったんですか？

はい！
1971年にX線衛星**ウフル**によって詳細に観測された結果，はくちょう座X-1はブラックホールとガスをはぎ取られつつある伴星の連星であることがわかったんです。
こうして，はくちょう座X-1は，はじめてブラックホールと認められた天体となりました！

質量の大きさがブラックホールの第1条件

先生, さそり座X-1のように, ブラックホールのほかにもX線を出す天体はあるわけですよね?
はくちょう座X-1はなぜブラックホールだとわかったんですか?

いい質問ですね。
たしかに連星をつくるブラックホールだけではなく, 連星をなす中性子星も降着円盤をつくり, X線を放射する場合があります。

連星をなしているのが, ブラックホールなのか中性子星なのか, 知る方法はあるのでしょうか?

はい, あります。
連星をなすブラックホールと連星をなす中性子星では, **放出される光**がことなるんです。

どういうことでしょう?

連星をなすブラックホールの場合は, 周囲の円盤から光が出ますが, ブラックホール自体からは光が出ません。
一方, 連星をなす中性子星の場合は, 周囲の降着円盤だけでなく, 中性子星自体からも光が出ます。
そのため, 光の成分(スペクトル)を比較することで, ブラックホールと中性子星を区別できるのです。

ブラックホールは，光さえも脱出できないから，光を発さないのでしたね。

ええ。
さらに最も確実なブラックホールの証拠となるのは**質量**です。

質量？

先ほど紹介したように，中性子星の質量は，太陽質量の3倍以下に限られます。
もし発見したX線を放つ天体が太陽質量の3倍以上の質量なら，その星はブラックホール以外には考えられないことになるのです。

なるほど！
X線を放つものすごく重い天体はブラックホールだと……でも，天体の質量なんて測ることできるんでしょうか？

連星をなしているもう一方の星，すなわち伴星からの光や伴星の軌道運動を調べることで，主星の質量を知ることができますよ。

ほう！ パートナーの星を調べることで，質量を知ることができるんですね！
それで，はくちょう座X-1はどれくらいの重さだったんでしょうか？

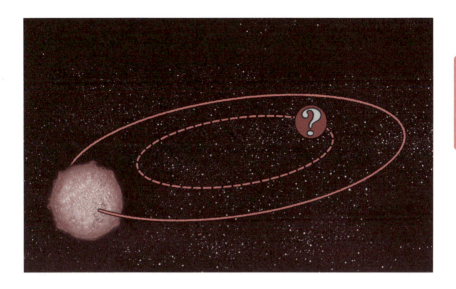

はくちょう座X-1は,最低でも太陽の**10倍**の質量をもつことがわかりました。

ブラックホールの条件を満たしていたんですね!

ブラックホールの第2条件，サイズの小ささ

さて，ブラックホールの条件としては，今あげた**質量**の他に**サイズ**があります。たとえ質量が大きくても，サイズが小さくないと，ブラックホールとはいえないのです。

コンパクトでなきゃいけないのですね。
天体がコンパクトであることを確かめるにはどうすればいいんでしょうか？

天体のサイズは，観測される**明るさ（光度）の変動**から見積もることができます。
例として，全体が光っているガス雲が一瞬で消え去るという例を考えましょう。

そ，そんなことが宇宙ではおこるんですか！

これはわかりやすくするための，極端な例ですよ。ふつうは宇宙にある広範囲のガス雲が一瞬で消え去るなんてことはありません。しかし，天体の明るさが変動することは，普通におきています。

ふむ。

話を戻しましょう。たとえガス雲の光が一瞬で消え去っても，ガス雲の中で観測衛星に近い側から最後に放たれた光と，衛星から遠い側から最後に放たれた光では，衛星に届くまでにかかる時間に差があります。

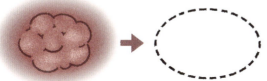

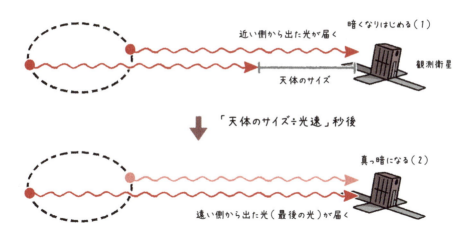

ふむふむ。近い側から出た光と，遠い側から出た光が望遠鏡に届くまでに時間差があるから，一瞬で消えるようには見えないわけですね。

そうです。
ですからたとえ，一瞬（時間幅0）で全体が真っ暗になったとしても，ガス雲に大きさがあれば，暗くなりはじめてから完全に暗くなるまで，有限の時間（時間幅が0ではない）がかかるように観測されるわけです。

なるほど！

そしてその明るさ変動の時間幅は，天体が大きければ大きいほど，長くなるはずですよね。
ですからこのような考え方を使えば，天体のサイズが，明るさ変動の時間幅から推定できることになるのです。

なるほど〜。
はくちょう座X-1はどうだったんでしょうか？

はくちょう座X-1の場合，X線観測から，**数ミリ秒**という短い時間で明るさがはげしく変動していることがわかりました。この時間幅から計算すると，はくちょう座X-1のサイズの上限は**数百キロメートル**だと推定できます。

ふむふむ，太陽よりもはるかに小さかったということか！

はい。太陽のサイズは**約140万キロメートル**もありますからね。

サイズの上限は数百キロメートルなのに，太陽の10倍以上の質量をもつとされるはくちょう座X-1は，きわめて高密度であるとわかります。

これらのことから，はくちょう座X-1は，ブラックホールであると結論づけられたのです。

現在，はくちょう座X-1のほかにもたくさんのブラックホールが見つかっています。

ブラックホールは，重い星の最期の姿だった

この宇宙には，たくさんのブラックホールがある……。
おそろしいですね。
ところで先生，ブラックホールって，どうやってできるんですか？
星がつぶれてできるっていうことでしたが。

そうです。一般的なブラックホールは，重い恒星が最期をむかえることで誕生します。

重い恒星？　最期？

では，恒星からどのようにしてブラックホールができるのか，お話ししましょう。
そもそも恒星は，**分子雲**から誕生すると考えられています。
分子雲とは，宇宙を薄くただよう星間ガスの濃い領域のことで，主に**水素分子**からなります。この分子雲の一部が**重力**によってまとまっていきます。

星は水素のガスから生まれるんですね！

そうです。
そしてやがて高温・高密になった中心部で**核融合反応**がはじまります。

核融合反応はものすごい熱を発生させますから、その熱による**圧力**が、縮もうとする恒星自身の**重力**に対抗して、星の形が保たれるようになるんです。

先生、核融合反応って何ですか?

核融合反応というのは、複数の軽い原子核がくっついて、重い原子核ができる反応です。
主に核融合反応の燃料となる原子は**水素**です。水素どうしがぶつかりあって**ヘリウム**の原子核がつくられます。このときに大きなエネルギーが放出されます。私たちの太陽でも、水素を燃料とした核融合反応がおきているんですよ。

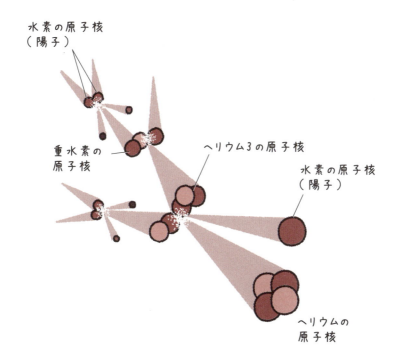

4個の水素原子核(陽子)から、ヘリウムの原子核がつくられる。

へー,核融合反応によって,太陽は光り輝いていたんですね。

そうです。
さて,長い年月をかけて燃料である水素を使い果たすと,今度は新たに生成されたヘリウムが燃料となって核融合反応がおき,炭素がつくられます。
このように恒星の内部では,時間がたつにつれて,軽い原子核から徐々に重い原子核がつくられるようになっていくのです。

ふむふむ,軽い原子核から少し重い原子核がつくられて,さらに,それを燃料にもっと重い原子核がつくられる,というわけですね。

その通りです。
私たちの太陽のような,比較的軽い恒星の場合,核融合反応が進むのは炭素や酸素までで,最終的にはこれらの原子核でできた白色矮星となって,一生を終えます。

ブラックホールになることはないのですね。

そうです。
しかし,太陽の8倍以上の質量をもつ恒星は,事情がちがいます。そのような重い恒星が晩年をむかえると,核融合反応によって,内部に鉄ができるようになります。鉄は最も安定な原子核なので,これ以上は恒星の内部では基本的に核融合反応がおきなくなります。

重い恒星の場合は，鉄まで核融合反応が進むんですね。

ええ。
やがて核融合の燃料がつきると，中心部に鉄がたまって**鉄のコア**ができます。
核融合がおきなくなると，膨張する力がなくなりますから，鉄のコアはみずからの重力に耐えきれなり，急激に収縮をはじめるのです。これを**重力崩壊**といいます。

ひぇー！
重力崩壊がおきるとどうなるのでしょう？

中心部はすぐに収縮の限界に達して硬いかたまりとなります。そして，そこに周囲の物質が勢いよく落下してきてぶつかり，衝撃波が発生します。
この衝撃波が恒星の表面まで達すると，星全体が大爆発をおこします。この大爆発を**超新星爆発**といいます。

超新星爆発……。
どれくらいの規模の爆発なんでしょうか？

超新星爆発の輝きは，想像を絶します。たった一つの恒星の爆発にもかかわらず，**1000億個**もの恒星の集団である銀河全体の輝きに匹敵するのです！

とんでもない爆発だ！

さて，太陽の8倍〜25倍の質量の恒星が超新星爆発をおこすと，鉄のコアが重力崩壊をおこしてできた硬いかたまりが残ります。これが，中性子がつめこまれた**中性子星**です。

たしか，先ほどの話では，中性子星には，限界があるんでしたよね。

そうなんです。

1時間目　ブラックホールとは何か

質量が太陽の25倍をこえた恒星が超新星爆発をおこすと，中性子星が限界質量をこえてしまい，どこまでもつぶれていきます。そしてついに**ブラックホール**になるのです。

このように，一般的なブラックホールは，**太陽の25倍以上の質量**をもつ重い星の最期の姿なのです。

> **ポイント！**
>
> 一般的なブラックホールの誕生
>   太陽の25倍以上の質量をもつ恒星が最期に重力崩壊をおこすと，超新星爆発のあとにブラックホールができる。

どれくらい圧縮するとブラックホールになる？

先生，ブラックホールのサイズってどれくらいなんですか？

ブラックホールは重ければ重いほどその半径が大きくなります。
ブラックホールの半径とは，最も単純なタイプのブラックホールの場合，光がそれ以上近づくと脱出できなくなる**球状の領域**の半径のことをいいます。
たとえば，太陽の25倍以上の恒星が超新星爆発をおこしてできる典型的なブラックホールは，太陽の10倍程度の質量をもちます。このようなブラックホールの半径は，約30キロメートルになります。

30キロメートルって，宇宙規模で考えるとすごく小さい感じがします。

そうですね。だいたい東京駅から横浜駅ぐらいの距離に相当しますね。
一方，質量が太陽の**10億倍**という超巨大なブラックホールだと，その半径は**約30億キロメートル**となり，これは太陽から土星までの距離をこえます。
このような**超巨大ブラックホール**は，一般的なブラックホールとは誕生のしかたがちがうと考えられていますが，宇宙にはそのようなとてつもないブラックホールも存在しています。

惑星なんて，あっという間に飲みこまれそうです。
ともかくブラックホールは，重ければ重いほど，半径が大きくなるんですね。

そうです。
そして実は，質量が比較的小さな物体でも，無理矢理に小さい範囲に押し縮めることさえできれば，原理的にはブラックホールをつくることができるんですよ。
たとえば太陽（約2×10^{30}キログラム）を**半径３キロメートル程度**に押しこむことができれば，ブラックホールにできます。

た，太陽がもしブラックホールになったら，地球なんてあっという間に吸いこまれそうです。

安心してください。たとえ今この瞬間に太陽がブラックホールになったとしても，地球の運動はまったく影響を受けません。

なんか意外です！

ブラックホールがなんでも吸いこんでしまうというのは，そばまで行った場合の話です。
遠いところでは，普通の星の重力的な作用とかわりはないのです。

ああ，よかった……。

さらに私たちが住む地球だって、ものすごく圧縮すればブラックホールになります。地球の質量は太陽のおよそ30万分の1です。これを**半径9ミリメートルほど**になるように圧縮すれば、ブラックホールができるんです。

半径9ミリメートル!?
ちょっと無理だと思いますが……。

ところで、
あなたの体重は何キログラムですか？

え？　だいたい60キログラムですけど……、まさか！

はい！　ご想像通り、最後にあなたをブラックホールにしてみましょう！
体重60キログラムのあなたがブラックホールになったとすると、その半径は**9×10^{-24}センチメートル**です。

ちっちゃ！

 原子よりもはるかに小さく圧縮できれば，あなたもブラックホールになれるわけです。

このように，原理的には何でもブラックホールにすることができますが，太陽や地球などがそこまで圧縮される自然現象は，現在のところ知られていません。

1時間目 ブラックホールとは何か

2時間目

桁ちがいの大きさ「超巨大ブラックホール」

STEP 1

超巨大ブラックホールとは何か

この宇宙には，一般的な恒星質量ブラックホールとはくらべものにならないほど大きな超巨大ブラックホールが存在しています。いったいどうやって見つかったのでしょうか。

太陽の100万〜数十億倍のブラックホールが存在する！

1時間目にお話ししたように，一般的なブラックホールは，重い恒星が最期に大爆発をおこしたあとにできます。これが**恒星質量ブラックホール**で，太陽の**数倍〜数十倍**の質量をもっています。

それだけの質量がすべて特異点に集中しているんですから半端ないですよね。

そうですね。
ところが宇宙には，恒星質量ブラックホールとはくらべものにならないほど，もっともっと重いブラックホールも存在していると考えられています。

いったい，どれくらいの重さなんですか？

その質量は、なんと太陽の**100万倍から数十億倍**です。
超巨大ブラックホールや、**大質量ブラックホール**などとよばれています。
また、基本的に銀河の中心にあるため、**銀河中心ブラックホール**ともよばれています。

超巨大
ブラックホール

太陽の100万倍〜数十億倍!?
ちょっと信じられません。
そんなものが銀河の中心にあるんですか？

はい、宇宙には1000億以上もの銀河があると考えられています。その形は、球状や楕円状、渦巻き状、不規則形状など、さまざまです。**ですが、それらの銀河のほとんどに、超巨大ブラックホールがあると考えられています。**

ということは、私たちの銀河にも……？

 はい、私たちの住む天の川銀河の中心にも超巨大ブラックホールが鎮座しています。

 ひょえー！

> **ポイント！**
>
> 超巨大ブラックホール
> 　太陽の100万倍から数十億倍の質量をもつブラックホール。多くの銀河の中心に存在している。

膨大なエネルギーを放出するクェーサー

超巨大ブラックホールはいったいどうやって見つかったのでしょうか？

まず，1時間目にお話ししたように，恒星質量のブラックホールは**1930年代**から理論的に予言されていました。しかし，銀河中心にブラックホールがあるのではないかという考えが出はじめたのは**1960年代**に入ってからのことです。そのきっかけは，オランダの天文学者**マーティン・シュミット**（1929～2022）による，ある発見がきっかけでした。

シュミットさんはどんな発見したのですか？

かつての天文学は，光学望遠鏡による観測が主役でしたが，**電波**によって天体観測を行う電波天文学が発達したことで，夜空の**電波の源**が網羅的に調べられるようになりました。
するとそれらの中に，光学望遠鏡で見ると恒星のような点状にしか見えないのに，恒星とは思えないような奇妙な光の特徴を示す，**謎の電波源**がみつかりました。
そのような電波源の一つに**3C 273**がありました。

3C 273？

シュミットは3C 273の光の成分(スペクトル)を調べました。**そして,1963年に,この天体の奇妙な光の特徴は,天体が高速で遠ざかっていると考えることで説明できることに気がつきました。**
これはつまり,3C 273が,とても遠くにあるということを意味しています。

なぜ,高速で遠ざかっていると,遠くにあることになるのでしょうか？

宇宙は膨張しています。これは,1920年代に突き止められ,観測から確かめられています。次のイラストは膨張する宇宙空間を模式的にあらわしたものです。
宇宙が膨張すると遠くにある天体ほど速く遠ざかるように見えるのです。このような関係をハッブル・ルメートルの法則といいます。

ハッブル・ルメートルの法則

$$v = H_0 \times r$$

v：銀河の後退速度
H_0：ハッブル定数（現在の宇宙の膨張率をあらわす値）
r：銀河と地球の距離

→ 遠くにある銀河ほど,
　速く地球から遠ざかっている

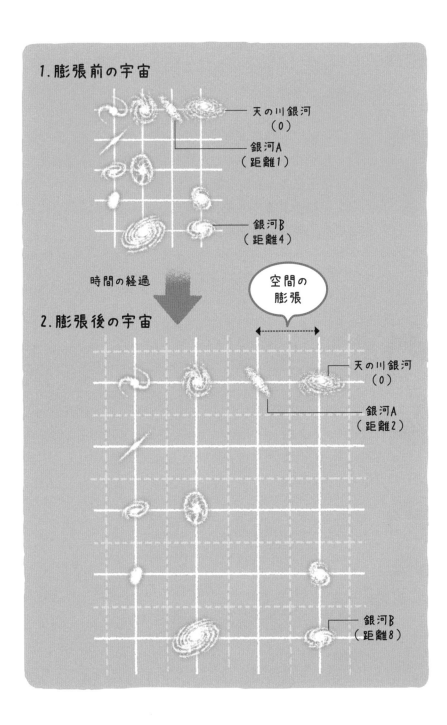

なるほど。
では，高速で移動する3C 273はどれくらい遠くにあったのでしょうか？

3C 273は，その速度から，およそ**20億光年**（天の川銀河の直径の約20万倍）という非常に遠方にあるということが突き止められました。
==しかもそれほど遠くにありながら，3C 273は，近くにある星々と大差なく明るく輝いてみえます。==
そこから3C 273が放出するエネルギーを見積もると，なんと**銀河100個分以上**のエネルギーを放出していることがわかったのです。

銀河100個分!?
じゃあ3C 273は，銀河が100個集まった天体だったんじゃないですか？

いいえ，3C 273のエネルギーを放出する領域の大きさを調べると，1個の銀河の大きさの**1万分の1以下**しかなかったのです。

むむむ……。

こうしたきわめて遠方で強烈に輝く点状の天体は**クェーサー**とよばれるようになりました。クェーサーは宇宙でも群を抜いて特異な天体といえるでしょう。

そのクェーサーとブラックホールが，どう関係するんでしょうか？

クェーサーの莫大なエネルギーを得るには，**太陽の1000万倍以上**という非常に大きな質量が必要だと考えられました。それが小さい範囲に押しこめられているわけですから，それはすなわち，**ブラックホール**を意味します。
このようなことから1969年に，イギリスの天文学者**ドナルド・リンデンベル**（1935〜2018）は，クェーサーを**ブラックホールと降着円盤**で説明する理論を発表しました。

クェーサーから放たれていたエネルギーは，ブラックホールと降着円盤から出ていたんですね！

そういうことです。
さらにその後，クェーサーは銀河の中にあることが観測でわかりました。
このような研究から，やがて多くの銀河の中心には太陽の10万倍〜1000億倍の質量をもつブラックホールが存在するのではないかと考えられるようになったのです。

とんでもなく大きなブラックホールが銀河の中心にあって，そこから膨大なエネルギーが出ているのかぁ。

2

時間目

桁ちがいの大きさ「超巨大ブラックホール」

155

ええ。
銀河中心の超巨大ブラックホールの周囲には，高温の**降着円盤**が取り巻いています。1時間目に，恒星と連星をつくっているブラックホールの周辺の説明をしましたが，それと同じような構造が銀河の中心部にひそんでいるわけです。**回転している降着円盤が摩擦によって超高温になり，はげしく輝いているのです。**

それが強力な光になるわけか。

降着円盤が輝く原理は，水力発電と似ています。
水力発電の場合は，水の重力落下する時のエネルギーが電気エネルギーに変換されています。これに対し，ブラックホールは，ガスの重力落下のエネルギーが，摩擦によって熱エネルギーにかわり，最終的に光エネルギーに転換されるのです。

なるほど〜。

このように，強力なエネルギーを放出する銀河の中心部を**活動銀河核**といい，活動銀河核をもつ銀河を**活動銀河**といいます。

次のページのイラストは活動銀河核の超巨大ブラックホールの構造をえがいたものです。
ブラックホールを取り巻く降着円盤の外側には，**ガストーラス**という，ガスやちりでできたドーナツ状の円盤があるのではないかと考えられています。ただしガストーラスは，観測で確かめられたものではありません。

ではなぜ，そんなものがあると考えだされたんですか？

ある種の活動銀河の相違を説明するうえで，中心部からの光をガストーラスというものが隠しているのではないか，と説明するために考えだされたものです。
また，ほかの銀河までの距離は非常に遠く，銀河の中心部も厚いちりにおおい隠されているため，その中心部をくわしく観測するのは非常に困難でした。そのため，銀河中心に超巨大ブラックホールが存在することを実際に確かめるには，観測技術の発達を待たなければならなかったのです。

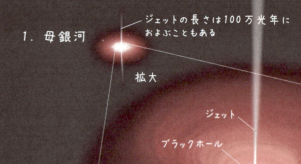

1. 母銀河

ジェットの長さは100万光年におよぶこともある

拡大

ジェット

ブラックホール

2. 中性ガスの円盤

拡大

ガストーラス
電離していない中性のガスやちりでできた円盤。実際は，降着円盤の100〜1000倍程度の大きさまで広がる。外側ほど厚い。

2

時間目

桁ちがいの大きさ「超巨大ブラックホール」

ジェット
電子や陽電子などの素粒子を含む高速の流れ。観測的にはジェットのくわしい構造はわかっていない。しかしコンピューターシミュレーションによると、らせんをえがきながら物質が噴出していると考えられる。

3. 活動銀河核の本体

超巨大ブラックホール
標準的なクェーサーの場合、半径は30億キロメートル程度になる。

空隙
降着円盤は、ブラックホールの半径の3倍程度のところからはじまり、その手前はほとんど物質が存在しない。この領域では、物質はブラックホールの重力によって、あっという間にブラックホールに吸いこまれるからだ。

降着円盤
高温のプラズマ（電子とイオンにわかれたガス）の渦。中心ほど高温になっている。イラストでは降着円盤を途中で切ってえがいてあるが、実際はブラックホールの1000倍程度の大きさまで広がっている。

巨大ブラックホールの証拠

超巨大ブラックホールの存在は，いったいどうやって確認されたんでしょうか？

銀河中心の超巨大ブラックホールを確認するためには，銀河の中心の**質量**を詳細に知る必要があります。
恒星質量ブラックホールと同様に，せまい領域に大きな質量があることがわかれば，ブラックホールの可能性が高くなります。

ふむふむ。

ブラックホールの証拠を数多くとらえたのが，**ハッブル宇宙望遠鏡**です。

うちゅうぼうえんきょう？

ハッブル宇宙望遠鏡は**1990年**に打ち上げられた望遠鏡です。宇宙空間から観測を行うことで，大気に邪魔されることなく，高い空間分解能の画像を撮影できます。
ハッブル宇宙望遠鏡は，次々とブラックホール候補天体の周辺構造の詳細な画像をとらえ，さらには，銀河中心部のブラックホールの質量を測定することも行いました。

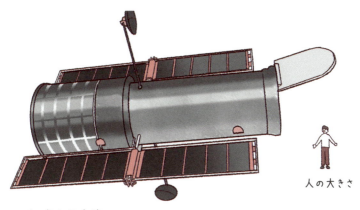

ハッブル宇宙望遠鏡　人の大きさ

宇宙で観測する望遠鏡なんですね。すごいなぁ。
それで，超巨大ブラックホールの証拠が見つかったんでしょうか？

はい。
1994年に，地球から5500万光年の距離にある**M87**とよばれる**楕円銀河**の中心部で高速回転するガスの質量が求められました。
するとM87の中心部**60光年**の領域には，太陽の**24億倍**[※1]の質量があることがわかったのです。

太陽の24億倍だなんて，もう想像もできません。

密度は1立方パーセク[※2]あたり，太陽質量の100万倍と計算されました。極めて高い密度だったため，これが銀河の中心に超巨大ブラックホールが存在する，はじめて有力な証拠となったのです。

※1：その後，M87の中心の超巨大ブラックホールは太陽質量の65億倍と推定されている。
※2：パーセク（pc）は天体の距離をあらわす単位。1パーセクは3.26光年。

おぉ！

さらに1995年にも，地球から2300万光年の距離にある渦巻銀河**M106**の観測から，超巨大ブラックホールの証拠が得られます。
M106の詳細な観測が行われたところ，中心付近に5円玉をうすくしたような形状の降着円盤が発見されました。
そして，この降着円盤をくわしく調べると，5円玉の中心の穴は半径がおよそ**0.4光年**，ガス円盤は**時速390万キロメートル**という猛烈なスピードで回転していることが判明したのです。その結果，この銀河の中心の0.3光年の領域には，計算上，太陽の**3900万倍**もの質量がなくてはならないことがわかったのです。

つまり，ブラックホールがあるはずだと。

そうです。
これほどせまい領域に，太陽の3900万倍の恒星，あるいは星団を押しこめることは不可能です。つまり，M106銀河の中心にあるのは，ブラックホール以外には考えられません。こうして銀河中心の超巨大ブラックホールの確かな証拠が発見されていったのです。

ブラックホールが重いと銀河の膨らみも重い

さまざまな銀河の巨大ブラックホールの質量がわかってくると、今度は**超巨大ブラックホールの質量**と、**銀河の質量**との関係が調べられるようになりました。
そして2000年代はじめには、銀河の**バルジ**と超巨大ブラックホールの質量との間に、比例関係があることが、かなり確実になったのです。

バルジって何ですか？

バルジとは、一般に「膨らみ」「張り出し」をあらわす言葉です。私たちの天の川銀河のような渦巻銀河などでは中心部分が膨らんでおり、この膨らみを**バルジ**とよんでいます。バルジは非常に明るく輝く星の大集団で、中でも楕円銀河は、ほとんどがバルジ成分でできている銀河だといえます。

ほほう,銀河を目玉焼きだとすると,ちょうど黄身の部分にあたるところですね。

そうです。そのバルジが大きいほど,中心にある巨大ブラックホールの質量も大きかったのです。

ブラックホールの質量は,母銀河のバルジの質量のおよそ**1000分の1**になるという関係がありました。この関係は,ブラックホールの質量が変わっても大きく変わりません。現在では,この関係は発見者の名前にちなんで**マゴリアン関係**とよばれています。

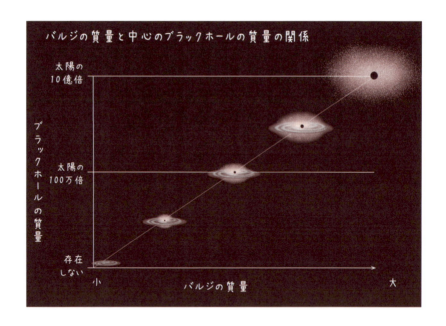
バルジの質量と中心のブラックホールの質量の関係

銀河と超巨大ブラックホールには,やっぱり何か関係があるのでしょうか?

ほとんどの銀河中心に巨大ブラックホールがあること，さらにバルジと巨大ブラックホールの質量の間に強い相関関係があること，この二つの観測事実は，銀河中心にある超巨大ブラックホールの形成を研究するうえで手がかりとなっています。

超巨大ブラックホールは銀河中心で周囲と関係なく生まれるのではなく，銀河の形成と密接に関わりながら生まれ，進化してきたと考えられるようになっています。

天の川銀河中心の
ブラックホール

私たちの住む天の川銀河の中心にも超巨大ブラックホールがあります。天の川銀河の全体から中心部へ，そして中心にある超巨大ブラックホールへとどんどんフォーカスしていきましょう。

天の川銀河にはたくさんのブラックホールがある

先生，超巨大ブラックホールは，私たちのいる銀河の中心にもあるのでしょうか？

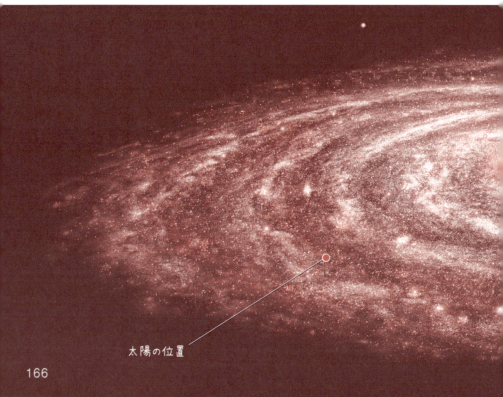

太陽の位置

そもそも私たちはどういう銀河の中に住んでいるんでしょうか？

私たちの住む銀河は**天の川銀河**または**銀河系**とよばれています。
天の川銀河には，太陽を含む**1000億～数千億個もの恒星**が集まっており，まるで円盤状に渦を巻いたように分布しています。
このように，渦巻き模様をもつ銀河を**渦巻銀河**（正確には棒渦巻河）といいます。

ものすごい数の恒星ですね。
太陽はそのなかの一つでしかないのか……。

2時間目 桁ちがいの大きさ「超巨大ブラックホール」

そうなんです。
私たちとっては，なじみ深い太陽も1000億〜数千億個におよぶ恒星のうちの一つにすぎません。
天の川銀河の直径は**約10万光年**といわれており，太陽は天の川銀河の中心から，**2万6000光年**ほどの距離にあるとされています。
そして天の川銀河のほかの星々とともに，ぐるぐると**2億年**ほどかけて銀河内を周回していると考えられています。

へぇ，太陽は天の川銀河を周回しているんですね！
たしか銀河の中央には膨らんだ部分があるんでしたよね。

はい，とくに明るく輝く目玉焼きの黄身にあたる部分は**バルジ**といいます。

それで，この天の川銀河のどこに**ブラックホール**はあるのでしょうか？

次のページのイラストを見てください。太陽系を中心に,天の川銀河の内部で主なブラックホールがあると考えられている場所を●で示しました。

こんなにあるんですか!?
てか,太陽系の近くにいくつもあるじゃないですか!

いやいや,これだけではないですよ。これら以外の観測しにくいものも含めれば,ブラックホールは天の川銀河におよそ**1億個**ほどあると推定する研究があります。たくさんのブラックホールが星々の間をただよっていると考えられているのです。

1億個も!?
ブラックホールだらけじゃないですか!

地図中の●のうち,天の川銀河の中心以外のブラックホールは,太陽の質量の3〜10倍程度の大きさをもつ**恒星質量ブラックホール**です。

そして,銀河の中心にあるのが,これからお話しする**超巨大ブラックホール**なのです。

太陽系の位置

天の川銀河中心にあるブラックホール

2 時間目

桁ちがいの大きさ「超巨大ブラックホール」

天の川は，銀河を内側から見た姿

先生，夜空に川のように見える天の川は，この天の川銀河と何か関係があるんですか？

では，ここで天の川について少しお話ししておきましょう。
夜空に横たわる天の川は，昔から人々の興味をかきたてる，とても不思議な存在でした。東アジアでは「川」に見立てられ，西洋では，大神ゼウスの妻ヘラの乳が夜空にほとばしり出たものだというギリシア神話から，**ミルキー・ウェイ**（乳の道）とよばれてきました。

面白い。文化がちがえば見え方もちがうんですね。

現代では町などの人工光が増加し，とくに都会では天の川の淡い光を見ることはむずかしくなってしまいましたが，強い人工光がなかった昔の天の川は，今よりはるかに存在感があったはずです。

壮大な眺めだっただろうなあ。

そうですね。
天の川の正体について，はじめて科学的な答えを出したのが，天文学の父ともいわれるイタリアの物理学者・天文学者の**ガリレオ・ガリレイ**（1564〜1642）です。

ガリレオだったんですか！

天の川銀河に対して，地球
の公転面が傾いているため，
天の川は縦方向に見える。

2
時間目

桁ちがいの大きさ「超巨大ブラックホール」

1609年，ガリレオは発明されたばかりの**望遠鏡**を使って，ぼんやりと輝く天の川が，無数の星の集団であることを突き止めたのです。

そうか，そもそも星の集まりであることさえもわかっていなかったんですね！

ガリレオ・ガリレイ
（1564～1642）

ええ。その後，さまざまな観測が重ねられ，しだいに天の川は，私たちの銀河を内側から見たものだということが明らかになってきたのです。
次のイラストを見てください。天の川銀河は円盤状に恒星が集まってできています。この円盤を内側から見ているので，恒星たちが川のようにならんで見えるのです。

そして，ひと続きの帯の中で，とくに光が濃く幅広い部分が，天の川銀河のバルジ方向にあたるわけです。

 なるほど。だから帯状の川に見えるわけですね。ところで天の川の中心部分あたりには，黒いすきまがあるように見えますよね。ここには星がないのですか？

 これは星がないわけではなくて，濃いちりが，奥からやってくる光をさえぎるために暗く見えているのです。

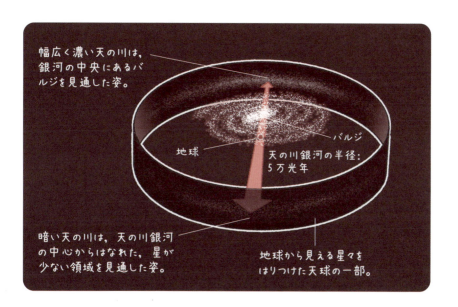

天の川銀河の"核"が発見された

178〜179ページのイラストは，**夏の天の川**の一部をえがいたものです。
ここにえがかれた黒い球体は，ブラックホールだと考えられている代表的な天体を示しています。

いろんな方向にブラックホールはあるんですね。

なお，大きさは誇張してあり，位置はおおよその場所です。たとえばイラスト左上の**はくちょう座X-1**は，太陽の10倍以上の質量をもつブラックホールだと考えられています。

はくちょう座X-1……，どこかで聞いた覚えがあります。

1時間目に登場しましたね。X線を観測することで，はじめてブラックホールと認められた天体です。

そうでした！
はくちょう座X-1をはじめとして，これらの黒い球体のほとんどは，普通のブラックホールですよね？
天の川銀河の中心にあるドデカいブラックホールはどれでしょう？

イラスト右下に位置する**いて座A***が，天の川銀河の中心にある超巨大ブラックホールだと考えられています。その質量は太陽の**約450万倍**にもおよびます。

私たちの銀河の中央にあるのは，いて座A*というブラックホールかぁ。
この超巨大ブラックホールはどのようにして見つかったのですか？

いて座A*の存在は**電波の観測**で明らかになりました。

電波の観測？

もともと電波による天文学（電波天文学）は，アメリカ，ベル研究所の電気工学者**カール・ジャンスキー**（1905〜1950）が1931年に**宇宙からの電波**をはじめて観測したことにはじまります。
ただし当時は，電波源の位置を正確に求めることはできませんでした。しかし，ジャンスキーが観測したこの電波こそ，天の川銀河の中心核からの電波だったのです。

ほぉ！
超巨大ブラックホールの電波は，1931年にとらえられていたのですね。

はくちょう座

はくちょう座 X-1

や座

いるか座

わし座

電波望遠鏡

2 時間目

桁ちがいの大きさ「超巨大ブラックホール」

？

？

たて座

いて座 A*

いて座

179

つづいてアメリカの電気工学者**グロート・リーバー**（1911〜2002）が，電波望遠鏡第1号とよべるパラボラアンテナを自作しました。

そして，全天を観測して天の川の電波地図をえがきました。そして**1944年**，いて座の方向に電波の強いピークがあることを見つけました。この電波源は**いて座A**と名づけられました。

ふむふむ。

その後，さらに観測精度が向上し，1974年にはアメリカ国立電波天文台（NRAO）の電波干渉計によって，いて座Aの中に星のように小さな電波源が見つかります。これこそ天の川銀河の中心核であると考えられました。

この電波源こそ天の川銀河中心の超巨大ブラックホールで，今では**いて座A*（SgrA*）**とよばれています。

天の川銀河の中心方向を見てみよう

ここから天の川銀河の中心部について，くわしく見ていきましょう。
次の画像は，いて座Aのまわり，100光年ほどの領域を赤外線とX線で撮影したものです。

もやみたいな構造が見えますね。

天の川銀河の中心から数百光年より内側は，太陽の近くのおよそ1万倍も高い密度であると推定されています。この画像でもたくさんの恒星や，ガスとちりの複雑な構造を見ることができますね。

ふむふむ，天の川銀河の中心部は，恒星やガス，ちりが集まっているのか。

画像左側には**アーチーズ星団**や**五つ子星団**といった，高密度な星の集団があります。

右下にとくに明るい領域がありますよ。

とくに明るく輝く領域が**いて座A**で，**数百万度**という超高温のガスのかたまりです。この中に超巨大ブラックホールがあるんですよ。

ウェストとイーストがありますよ。

いて座Aは明るさなどがちがう**二つの要素**があることがわかっています。

いて座Aイーストは貝殻のようなシェル構造をしていて，正体は**超新星爆発のあとにのこった残骸**です。

アーチーズ星団

五つ子星団

そして超巨大ブラックホールであるいて座A*は，**いて座Aウェスト**の中にあります。

ほぉ，このなかにとんでもなくでかいブラックホールがあるのか～。

2時間目 桁ちがいの大きさ「超巨大ブラックホール」

いて座Aウェスト

いて座Aイースト

いて座A*が存在するいて座Aウエストでは，**秒速100キロメートル以上**もの速度でガスが回転しています。この回転しているガスを電波で観測すると，中心に向かってのびる3本の渦巻き状の構造であることがはっきりとわかります。この構造は「ミニスパイラル」とよばれており，天の川銀河の中心核に落ちるイオン化されたガスの流れです。

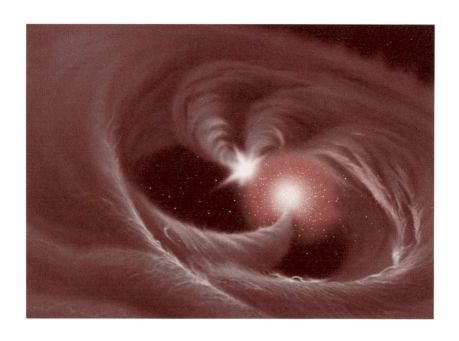

太陽質量の450万倍の超巨大ブラックホール

先生，天の川銀河の中心の電波源が巨大なブラックホールであると，なぜわかったのでしょうか？

まず，一つはその**質量**です。
1980年ごろから，中心部のガスや星々の運動から，銀河中心部の**質量**が求められるようになりました。
やがて1990年代から，高解像度な**近赤外線**の観測で，中心部の星々の運動が，おのおのくわしく観測されるようになり，中心の超巨大ブラックホールの質量が正確に推定されるようになったのです。

周囲の星の動きから質量がわかるわけですね？

ええ，そうです。ドイツ，マックスプランク研究所の**ラインハルト・ゲンツェル**（1952～）らのグループと，アメリカ，カリフォルニア大学ロサンゼルス校の**アンドレア・ゲッツ**（1965～）らのグループが，1990年代から10年間にわたって，いて座A*近くの**S2**とよばれる恒星の運動を調べました。

ふむふむ。

S2は、ある1点を焦点にして周期約15年の**楕円軌道**をえがいていることがわかりました。この星が焦点に最も接近したときの距離は17光時（約180億キロメートル、太陽と冥王星との距離の3倍）で、その際のスピードは少なくとも**秒速5000キロメートル以上**と猛烈なものでした。
こうした星の運動は、焦点の位置に膨大な質量があることを示しています。

ということは、その焦点にあるのが……。

そうです、星の軌道と運動から、現在、その質量は太陽のおよそ**450万倍**であると見積もられています。

なるほど、かなり大きな質量ですね。
そういえば、1時間目にブラックホールは質量とサイズが条件だって説明がありましたよね。サイズの方はどうなんですか？

2004年に、中国上海天文台の**エリック・シェン**らによるアメリカのVLBA（超長基線アレイ）を用いた観測で、ブラックホール周囲の構造が輝いているいて座A*の大きさがわかりました。

どれぐらいの大きさだったんですか？

いて座A*の大きさは、地球の軌道半径（約1億5000万キロメートル）と同じ程度にまでしぼられていました。
そしてその中にあるブラックホール自体の大きさは、半径およそ**1000万キロメートル**、つまり水星軌道以下であると計算されています。こうした結果は、この焦点にある天体がブラックホール以外としては考えられない値です。

なるほど。
でも、先生、太陽の450万倍もの質量をもつブラックホールがこの銀河にあるなら、私たちの太陽系も、そのブラックホールに吸いこまれないのでしょうか？

太陽の450万倍というと、とても大きな感じがするかもしれません。
しかし天の川銀河の円盤の質量は**太陽の約2000億倍**ほどもあります。それにくらべると超巨大ブラックホールの質量はわずかなものです。このため、超巨大ブラックホールの重力で、太陽系が吸いこまれることはありませんよ。

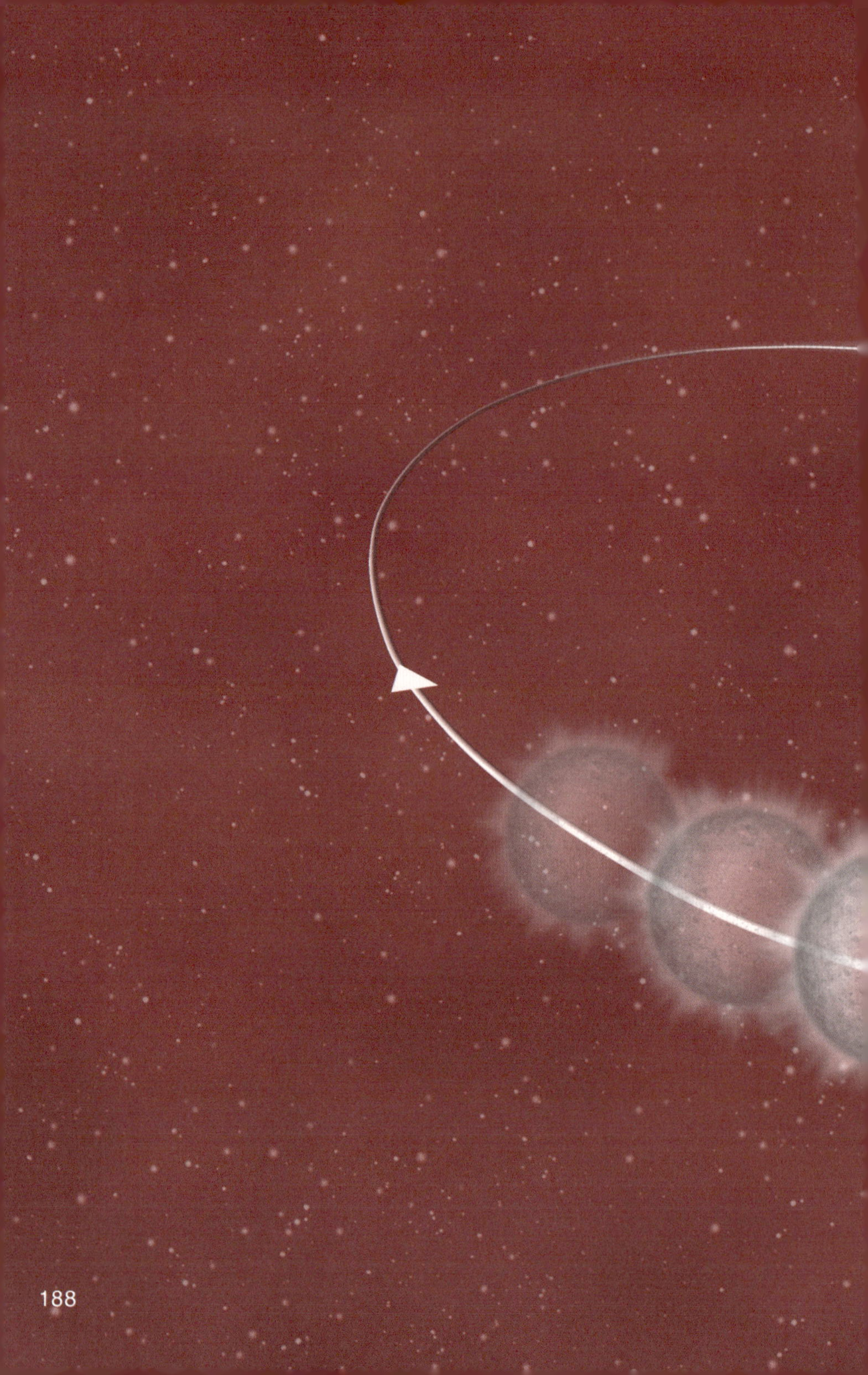

巨大ブラックホールのそばをかけぬける恒星

イラストは，天の川銀河中心のブラックホールのまわりを回る恒星の一つ，S2のイメージ。S2は，15年ほどの周期でブラックホールのまわりを回っているようで，再接近時にはブラックホールから17光時（太陽と冥王星の距離の3倍ほど）の場所を秒速5000キロメートル以上でかけぬけた。ちなみに地球の公転速度は秒速約30キロメートルである。

ブラックホール
（実際よりかなり大きくえがいている）

ブラックホールのそばをかけぬける恒星（S2）

2

時間目

桁ちがいの大きさ「超巨大ブラックホール」

明るさを変えるいて座A*

天の川銀河中心の巨大ブラックホール**いて座A***は，太陽の約450万倍という重さの割に，ブラックホールの周辺から放出されているエネルギーが，ほかの銀河中心のブラックホールとくらべると非常に低いことが知られていました。X線で観測するととても**暗く**見えるのです。

ふぅむ。

しかし興味深いことに，300年ほど前には，現在よりもおよそ**100万倍も明るかった**という証拠がみつかっています。

100万倍も明るかったんですか？
というか，どうしてそんな昔のことがわかったんです？

日本の研究チームによって，いて座A*から約300光年はなれた巨大星雲**いて座B2**が，いて座A*から放たれたX線に照らされて輝いたことが明らかにされたのです。
約300光年はなれているわけですから，いて座B2を照らした光は，いて座A*から直接届く光よりも300年遅れてとどくわけです。

その光からすると，いて座A*はもっと明るかったはずだった，ということですね。

そうです。この現象は光のこだまとよばれています。
ただし，注意してほしいのは，300年前といっても，地球から天の川銀河の中心まではおよそ2万8000光年の距離があります。なので，現在見ているいて座B2の光は約2万8000年前のものです。2万8000年前というと，地球は最終氷期にあり，人類はまだ洞窟で生活していたころになりますね。

ははあ，遠いから，いて座A*から今とどいている光も，地球が最終氷期のころに放たれた光ということですね。わかりました。
で，300年前にいて座A*でいったい何があったんですか？

くわしくはわかっていませんが，過去にブラックホール周辺でおきた超新星爆発のガスが，ブラックホールに大量に落ちこんだことで，ブラックホールの活動が一時的に活発になったのではないかと推測されています。

なるほど，"燃料"が補充されたということか。

そのほか，いて座A*では爆発（フレア）現象がとらえています。たとえば2013年9月14日には，400倍のX線フレアが観測されました。2014年10月にも200倍の明るさのX線フレアが観測されています。

そういった爆発はなぜおきるのですか？

よくわかっていません。
超巨大ブラックホールの重力によって小天体が引き裂かれ，その残骸が飲みこまれる直前に高温になり，X線を発したという説や，ブラックホール周辺の磁場のつなぎかえ（磁気リコネクション）によって，太陽でもみられるようなX線の爆発的な放出がおきたとする説が考えられています。

2時間目

桁ちがいの大きさ「超巨大ブラックホール」

STEP 3 ついにブラックホールの姿が見えた！

長い間，ブラックホールの姿を直接「見る」ことはできませんでした。しかし 2019 年，ついに史上初となるブラックホールの姿をとらえることに成功しました。

ブラックホールはどのように見えるのか？

先生，ここまで恒星質量ブラックホールと超巨大ブラックホールについてお話を聞いてきましたが，どちらもあくまでさまざまな**間接的な情報**から**存在しそうだ**と推測されてきただけですよね。

たしかにそうですね。
やはりブラックホールの存在を確かなものにするには，**直接観測**する必要があるでしょう。

でも，ブラックホールからは光がやってこないから，その姿をとらえることはできない，と……。

ええ，ブラックホール自体からは光がやってこないため，見えないはずです。
しかし！ ブラックホールと考えられる天体の周囲には高温のガスからなる**降着円盤**があると説明しましたよね。この降着円盤は，光（電磁波）を放っています。

194

ですから，これを利用すれば，ブラックホールの姿を見ることができるのではないか，と考えられます！

どういうことでしょうか？

降着円盤は明るく輝いているわけですから，その中央にあるブラックホールは，輝きにおおわれた黒い穴として観測できると考えられるのです。つまり，ブラックホールの影を見るのです。
このようにして見える影をブラックホールシャドウといいます。

なるほど！
降着円盤の輝きを背景にして観測すれば，黒い穴が浮き上がるというわけですね！
そうすると，ブラックホールはどのように見えるんでしょうか？

ブラックホールシャドウの姿は，一般相対性理論を考慮したシミュレーションによって示されています。次の画像はNASAが公開したブラックホールシャドウのシミュレーション結果です。

降着円盤を斜め上から見たときの
ブラックホール

ブラックホールシャドウ

降着円盤

降着円盤を真上から見たときの
ブラックホール

光子リング

2 時間目　桁ちがいの大きさ「超巨大ブラックホール」

おぉ！

 中央の黒い空間が，ブラックホールシャドウです。
本当のブラックホールは，ブラックホールシャドウの **5分の2** ほどの直径しかありませんが，これは見ることはできません。
そしてその外側に，**光子リング**と**降着円盤**が見えています。

 先生，降着円盤を真上から見たときは，まるでディスクみたいな形をしていますが，斜め上から見たときの方は，なんだか**奇妙な形**をしています！　ブラックホールの上にも下にも光が見えます。

 斜め上からのシミュレーション画像をみると，降着円盤が単なる円盤状ではなく，上下にも膨らんで不思議な形に見えていますね。

 降着円盤は円盤ではないのですか？

 いえ，実際にはうすい円盤状ですよ。
このように奇妙な形に見えるのは，**重力で光が曲がる**ことが原因です。

 どういうことでしょうか？

通常,まわりに何もない真空中において光はまっすぐ進みます。しかし降着円盤から出た光はブラックホールの巨大な重力によって進路を大きく曲げられて,観測者の目に届きます。
その結果,ブラックホールの向こう側からの光が曲がり,上下のこぶのような形に見えるのです。

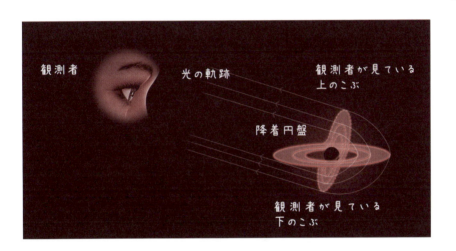

ほぉ。
光が曲げられて,ブラックホールの奥の降着円盤が上下に見えているわけですね。
めっちゃ不思議!

一般相対性理論の,重力によって光の進路が曲げられる効果がここにあらわれているのです。
また,降着円盤をよく見ると,右側よりも左側のほうが明るいのに気づきましたか?

あっ，本当だ。
これにも理由があるんですか？

はい，あります。
これは**ドップラー効果**によるものです。

どっぷらーこうか？

ドップラー効果というのは，音や光の発信源が動くことで，音や光の波長が短くなったり長くなったりする現象です。
たとえば，**救急車のサイレン**は，救急車が近づいてくるときには，音の波長が短くなって，音が**高く**聞こえます。一方，救急車が遠ざかるときには，音の波長が長くなって，音が**低く**聞こえます。これがドップラー効果です。

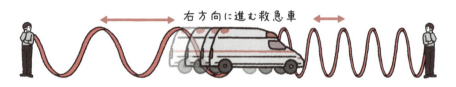

波長が長くなる（音が低くなる）　　　波長が短くなる（音が高くなる）

うーん，それが降着円盤の左側が明るいことと，どう関係しているのでしょうか？

降着円盤は上から見ると，反時計回りの方向に回転しています。つまり，左側の降着円盤は，こちらに向かって回転しているわけです。
すると，光の波長が短くなるとともにエネルギーが高くなります。その結果，明るく見えるのです。

ほぉ。

逆に，降着円盤の右側は手前から奥に向かって回転しており，光の波長が長くなるとともにエネルギーが低くなって，その効果で暗くなるのです。

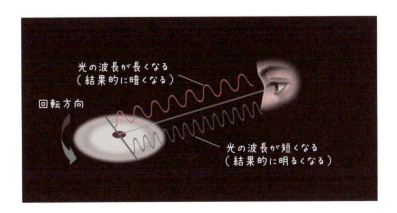

なるほど〜。シミュレーションにはドップラー効果の影響まで考慮されていたんですね。
ところで，降着円盤の内側に見える**光子リング**とは何でしょうか？

降着円盤から放たれた光のうち、一部は重力の作用を受けてブラックホールに近いところを周回しはじめます。しかし、この光の周回はかなり不安定であるため、何周かまわった後にブラックホールから遠ざかる方向に"脱出"します。その光が観測者に届くと、光子リングとして見えるのです。

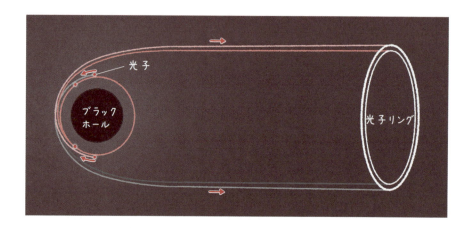

ふむふむ。ブラックホールの周囲をくるくる回る光が光子リングになるんですね。

視力200万以上の望遠鏡が必要

先生，ブラックホールもその影を観測すれば，見ることができるわけですよね。
なぜ長い間，ブラックホールを見ることができなかったのでしょうか？

ブラックホールを直接見ることができなかった最大の理由はブラックホールの見かけの大きさが**非常に小さい**ためです。
たとえば，太陽の約15倍の質量をもつ**はくちょう座X-1**の場合，その半径は**約45キロメートル**です。
はくちょう座X-1は地球から**約6100光年**の距離にあり，地球から見たときの半径はわずか**0.00016マイクロ秒角**（1マイクロ秒角は1度の36億分の1の角度）にしかなりません。

6100光年も離れているのに，半径はたったの45キロですか……。
たしかにめちゃくちゃ小さいですね。
もっと近くにあるブラックホールはないんでしょうか？

現在見つかっている**恒星質量ブラックホール**はすべて3000光年以上はなれた距離にあり，見かけの大きさはこれと似たようなものです。

あっ，**超巨大ブラックホール**があるじゃないですか!?　これならもっと大きいですよね？

ええ，そうですね。
地球から最も大きく見える超巨大ブラックホールは，天の川銀河の中心にある**いて座A***です。
質量は太陽の約400万倍で，半径は約1000万キロメートルです。地球からの距離は**約2万7000光年**であり，見かけの半径は**約10マイクロ秒角**です。

恒星質量ブラックホールよりもずいぶん大きく見えそうですね！
いて座A*なら普通の望遠鏡で見ることもできるんじゃないですか!?

たとえばハワイにある**すばる望遠鏡**でも，その分解能（見分けられる限界の小ささ）は**約20000マイクロ秒角**にすぎません。ブラックホールを見るためには"視力"がまったく足りないのです。

うぅむ。
超巨大ブラックホールをもってしてもサイズが小さすぎるんですね。

人の視力でいうと**200万〜300万以上**が必要となりますから。
望遠鏡は**口径**が大きいほど，分解能が高くなります。これほどの視力を実現するには，**地球レベルの規模**の望遠鏡が必要なのです。

でかすぎ！
さすがに，それは無理ですね……。

と，思いますよね。
ところが！ 地球規模の望遠鏡を"つくりだす"技術が開発されたのです。
それが**干渉計**という技術です。

そんなまさか。

干渉計とは，複数の望遠鏡を連携させて，巨大な望遠鏡と同じ分解能を実現する技術です。
地球上のさまざまな場所に設置した望遠鏡で，天体から届く光（電磁波）を同時に観測します。そして，それぞれの望遠鏡で観測された電波を重ね合わせて数学的な処理をほどこすと，あたかも複数の望遠鏡の設置間隔のうち，最大の距離がそのまま電波望遠鏡の口径になったかのようなきわめて高い分解能を得られるのです！

すげえ！
複数の望遠鏡で観測することで，巨大な望遠鏡と同じような視力が得られるんですね！

そうです。
そこで2009年からはじまったのが，**イベント・ホライズン・テレスコープ（EHT）**という国際観測プロジェクトです。EHTには日本のチームも参加しています。

「イベント・ホライズン」とは，**事象の地平面**の意味です。EHTでは，世界各国にある電波望遠鏡を連携させて，**地球の直径**とほぼ同じ口径に相当するような電波干渉計を形成し，ブラックホールを「見る」ことを目指しました。

なんて壮大な計画……。

干渉計では，同時観測する望遠鏡がたくさんあればあるほど，正確な電波画像を得ることができます。そのため，ハワイからグリーンランド，北米，南米，ヨーロッパ，南極まで，世界各地の電波望遠鏡がEHTに参加しているのです。

ブラックホールの直接撮影に成功！

2019年4月，人類はついに**M87銀河**の中心のブラックホールの影をEHTで観測し，画像化することに成功しました！
2017年にM87銀河のブラックホールの観測が行われたのち，長い間データの解析が行われました。その結果，中心に存在する超巨大ブラックホールM87*の**光子リング**と，その内側の黒い影が写しだされたのです！

おおー！　ついに！
ブラックホールを直接撮影することに成功したんですね！

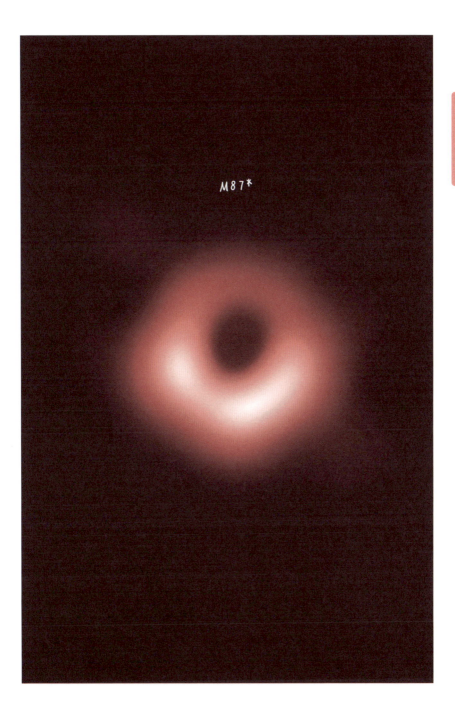

2時間目 桁ちがいの大きさ「超巨大ブラックホール」

はい。地球上に散らばっている6地点8台（2017年時点）の電波望遠鏡を用いて，波長1.3ミリメートルの電波（サブミリ波）によってM87の中心にあるブラックホールを観測しました。その"視力"は **300万** にもなります。

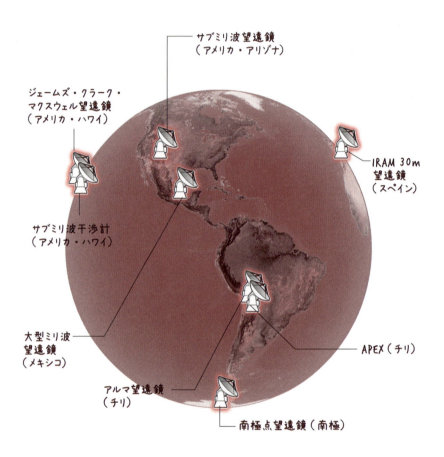

視力300万……。

視力300万は，大阪に置かれた髪の毛の太さを東京から測れるほどの超高精度です。

とんでもないや！

画像の黒い穴が，人類がはじめて"見た"ブラックホールの姿です。
なお，M87銀河の中心のブラックホールはM87*と表記して区別します。*は「スター」と読みます。

中央の黒い穴がブラックホールの影ですよね？
その周囲は降着円盤ですか？

いえ，これは光子リングです。

2時間目 桁ちがいの大きさ「超巨大ブラックホール」

すなわち，重力によって進路を曲げられ，ブラックホールの周囲をぐるぐると周回する光です。
その内側に，それ以上近づいたら光すら脱出できなくなる境界線，事象の地平面があります。

ひょー！

光子リングの光は，もともとブラックホールの周辺にある高温のガス（降着円盤）から発せられたものです。このときの観測では，このガスは最高で**60億度以上**という温度をもつこともわかりました。

先生，降着円盤は撮影できないのですか？

このときの観測ではとらえることができなかったようです。
しかし，2023年に公開された**GMVA**という電波望遠鏡ネットワークを主に用いた観測では，波長3.5ミリメートルの電波を使うことで，降着円盤の姿をとらえることに成功しています。

GMVA？

GMVAはEHTにくらべて"視力"（遠くにある二つの天体を見分ける能力。分解能）は半分程度ですが，より高い感度と視力をそなえています。

GMVAは，EHTによる2019年の画像よりも**1.5倍**ほど広いリング状の構造をとらえました。解析の結果，このリング状の構造は，EHTにとらえられた光子リングのまわりに広がる降着円盤だと考えられています。

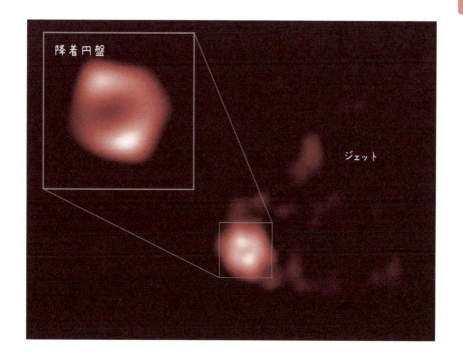

我が銀河中心のブラックホールの姿

さらに！ 2022年5月には，EHTが，私たちの天の川銀河の中心にある**いて座A***の直接撮像にも成功したことが発表されました。

おぉ！私たちの銀河の超巨大ブラックホールも！

先ほどのM87*の画像と同様に，光子リングの内側にブラックホールの影である**ブラックホールシャドウ**が浮かび上がっている様子がとらえられています。
こちらの画像も，2017年4月に八つの望遠鏡でいっせいに観測したデータからつくられています

あれ？　M87*と同時に観測されたんですか。
なぜM87*の方が先に結果を発表されたんですか？

いて座A*の画像はM87のブラックホールの画像よりも発表までに約3年も長くかかりました。その理由は，それぞれのブラックホールの大きさにあります。

ブラックホールの大きさ？

M87のブラックホールは，質量が太陽の**約65億倍**と，超大質量ブラックホールの中でも，ひときわ大きなものです。これほどの質量を持った大きなブラックホールの場合，周辺のガスの動きが比較的ゆっくりで，1日ほど観測してもあまり変化がないようにみえます。

いて座 A*

2 時間目

桁ちがいの大きさ「超巨大ブラックホール」

いて座A*は？

いて座A*は重さが太陽の**約400万倍**と，M87*にくらべてとても小さいため，周辺のガスは数分単位でブラックホールの周囲を動きまわり，その影響を受けてブラックホールの見た目は数分単位で変化します。1回の観測に10時間ほどの時間を要するEHTにとって，これでは撮影中に画像が大きくぶれてしまうことになり，正しい画像を得るのがむずかしいのです。

えー，けっこう大問題ですね……。

これを克服するため，EHTでは理論シミュレーションなども活用して，目まぐるしく変動する電波の姿を時間平均し，正しい形を得るための画像解析手法を開発しました。
アメリカ，日本，カナダなどの研究者が中心となって開発した四つのソフトウェアを駆使するなどして，いて座A*の画像ができあがったのです。
こうして得られたリングの直径は，一般相対性理論による予測とよく一致していました。

研究者の皆さんは苦労しただろうなぁ。私だったら，投げ出しちゃいそうですよ。

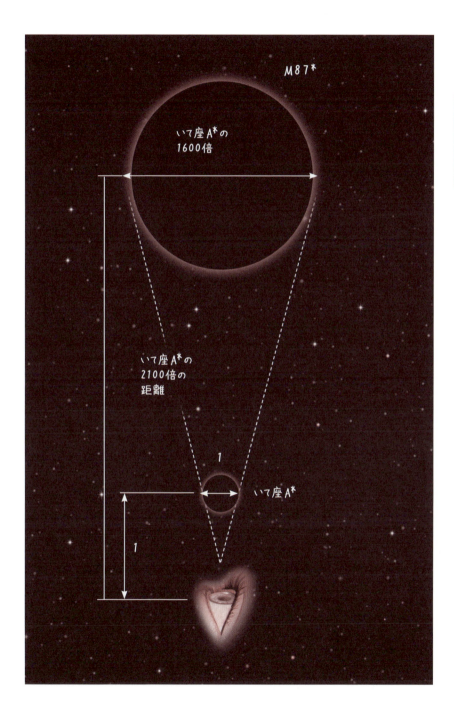

EHTは今もM87*，いて座A*の観測を継続して行っています。現在，参加望遠鏡は2017年のときよりも増え，記録されるデータ量も増えています。より短い波長での観測や，画像解析や検証手法の高度化なども進み，さらに高画質で高解像度の画像取得に挑んでいるのです。

ブラックホールの観測と研究は，めまぐるしく進んでいるのですね！

2時間目 桁ちがいの大きさ「超巨大ブラックホール」

3

時間目

ブラックホールをめぐる謎

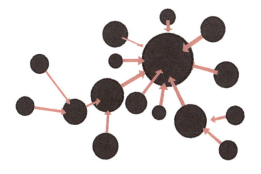

STEP 1

超巨大ブラックホールはどのようにできたのか？

桁ちがいの質量をもつ超巨大ブラックホール。宇宙誕生初期から存在していたと考えられるものの，どのように生まれたのかはわかっていません。

超巨大ブラックホールは宇宙誕生初期からある

先生，ほとんどの銀河の中心に**超巨大ブラックホール**が存在しているといいますが，それらは，いったいどのようにできたのでしょうか？
やっぱり，普通のブラックホールのように，恒星が寿命をむかえてできたんですか？

通常の**恒星質量**ブラックホールは，大きな恒星が一生の最期におこす**超新星爆発**にあとにつくられます。
しかし，太陽の数百万〜数十億倍もの質量がある超巨大ブラックホールを生みだすような，重い星ができる現象は知られていません。
つまり，巨大ブラックホール誕生のシナリオは，星の一生だけでは説明できないのです。

ふむ。

現在，宇宙は誕生してから**138億年**がたっていると考えられています。
近年の観測により，超巨大ブラックホールは，宇宙誕生から**7億年後**にはすでに存在していたことがわかっています。

宇宙誕生の7億年後？
今から130億年前ってことですよね!?
なぜそんな昔のことがわかるんですか？

光（電磁波）の速度は**有限**で，届くまでに時間がかかります。ですから遠くの宇宙を望遠鏡で観測するということは，過去の宇宙の姿を見ていることになるんです。
宇宙年齢約**6.7億歳**のころの宇宙に，太陽の**16億倍**の質量をもつブラックホールや，約**8.7億歳**の時代に太陽の**120億倍**もの質量をもつブラックホールが見つかっているのです。

宇宙が誕生してから，比較的すぐに超巨大ブラックホールは生まれたんですね。

そうなんです。宇宙ができてから7億年ほどの非常に短い期間で，いったいどうやって巨大なブラックホールができたのか。これは，未だ解明されていない大きな謎なのです。

超巨大ブラックホールの"種"は何だった？

超巨大ブラックホールも，最初は小さかったのでしょうか？

そうですね。超巨大ブラックホールは，**種ブラックホール**からできたと考えられています。

種ブラックホールの正体は何なのでしょうか？

種ブラックホールの候補は，次の二つに大別されます。まず一つは，恒星の最期に残される**恒星質量ブラックホール**，そしてもう一つは巨大なガス雲が一気に収縮してつくられる（直接崩壊），**中間的な質量のブラックホール**です。

第一の候補である，恒星質量ブラックホールは，普通の星が最期をむかえたときにできる一般的なブラックホールってことですか？

超巨大ブラックホールの種をつくることができるのは，現在の恒星よりもずっと重い**初代星（第一世代の恒星，ファーストスター）** が第一候補として考えられています。
初代星は宇宙誕生から**約1億年**ほどたったころには，あったと考えられています。

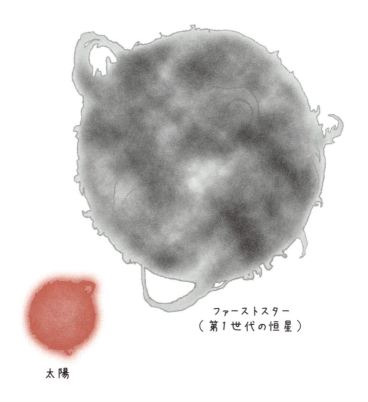

ファーストスター
(第1世代の恒星)

太陽

ほぉ，宇宙誕生初期の重い恒星ってことですね。

ええ。初代星は非常に巨大な恒星で，その質量は，太陽質量の**数十倍〜100倍**程度に達すると考えられています。もしかすれば1000倍程度の場合もありうるかもしれません。
こうした重い初代星はすぐに寿命がつき，太陽の数〜100倍のブラックホールを形成するはずです。

また，星どうしの合体によってより大質量の星ができ，それが将来，超巨大ブラックホールに成長できる種ブラックホールをつくる，という可能性も提案されています。

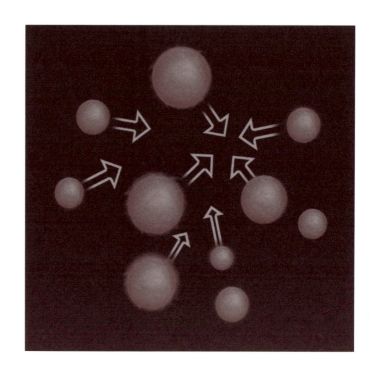

ふむふむ。
もう一つの候補はどういうものでしょうか？

ガス雲の直接崩壊ですね。
宇宙初期の特殊な環境下にあるガス雲では，内部で大量のガスが凝縮して，太陽の1万倍〜100万倍もの**超大質量星**が生まれる可能性があります。

その星は,恒星ってことですか？

「星」とよばれているものの,ふつうの恒星のように輝くのはほんの短い間で,すぐにつぶれてブラックホールになります。そしてみるみる周囲のガスを飲みこみ,一気に太陽の10万倍,100万倍もの質量をもつブラックホールになると考えられています。

恒星として輝いてもすぐにつぶれて,ブラックホールになる,ということですね。

合体したのか，ガスを吸いこんだのか

超巨大ブラックホールは，"種ブラックホール"がまず形成され，それが成長してできたと考えられています。

種は二つの候補が考えられているのでしたね。
それで，種ができたら，どのようにして成長するのでしょうか？

どのように超巨大ブラックホールにまで成長していくのかという点についても，二つの方法が考えられています。まず一つはブラックホールどうしが重力で引き合い**合体する方法**，そしてもう一つはブラックホールが**周囲のガスや恒星などを飲みこむ方法**です。

1. ブラックホールどうしの合体

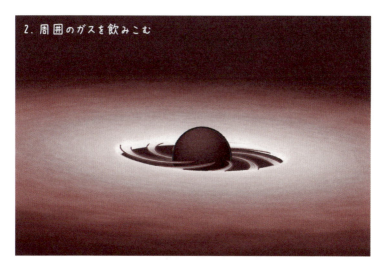

こちらも二通りの方法が考えられているんですね。

実は，超巨大ブラックホールは，その質量の大部分を，成長の**最終段階**における**ガスの飲みこみ**で獲得しているようです。
しかし，その最終段階にいたるまでに，どこでどんな方法で成長していったのかは，統一した見解は得られていません。

やっぱり，成長のしかたもよくわかっていないのですね。でも，合体にせよ，ガスの飲みこみにせよ，どちらもありえそうですし，両方で成長したんじゃないんですか？

いやいや，ガスの飲みこみや合体という方法は，どちらも簡単に実現すると思うかもしれませんが，そう単純でもないのです。

そうなんですか？
だってブラックホールは強い重力をもっていて，光も飲みこんでしまう天体なんでしょう？　簡単にガスを吸いこんだり，他のブラックホールと合体したりできそうですけど。

まず，宇宙に存在する天体はほとんどすべてが回転しており，これによって**遠心力**がはたらいています。
そのため，ガスや天体が狭い領域に集まってくるためには，回転のいきおい（「角運動量」といいます）を削ぐしくみが必要です。

ふぅむ。じゃあ，合体する方はどうですか？

ブラックホールは，宇宙の中で非常に小さな天体です。なにしろ，同じ質量の恒星の10万分の1の半径しかないんですからね。なのでもし仮に二つの銀河が衝突したとしても，銀河の中でブラックホールが出会う確率は非常に低いのです。
さらに，たとえブラックホールどうしが運よく出会い，たがいの重力で近づいたとしても，まずはたがいの周囲をまわる**連星**となって，安定した状態になると考えられています。

ブラックホールの連星か。

重力波で観測された「合体」

2016年2月,ブラックホールに関するビッグニュースが飛び込んできました！
なんと,二つのブラックホールの合体が**重力波**の観測によってはじめて検出されたのです。

ブラックホールの合体が!?
てか,重力波とは何でしょうか？

重力波は,アインシュタインの一般相対性理論が予言したもので,時空のゆがみが波となって広がっていく現象です。
一般相対性理論では,「重力とは,時空の曲がりである」と説明します。この理論によると,質量をもつ物が動くと,時空の曲がりが変化することになります。
そして,この時空の曲がりの変化は,**波**となって時空を伝わっていくと考えられています。この波が,重力波です。しかし,重力波による空間のゆがみはごくわずかで,長い間,とらえることができませんでした。

> **ポイント！**
>
> 重力波
> 　大きな質量をもつものが動くことで,時空のゆがみが波のように広がっていく現象。

それがついにとらえられたわけですか!?

ええ，一般相対性理論の提唱からちょうど100年が経つ2016年に，アメリカの重力波望遠鏡 **LIGO** によって，はじめて重力波が観測されたと発表されました。

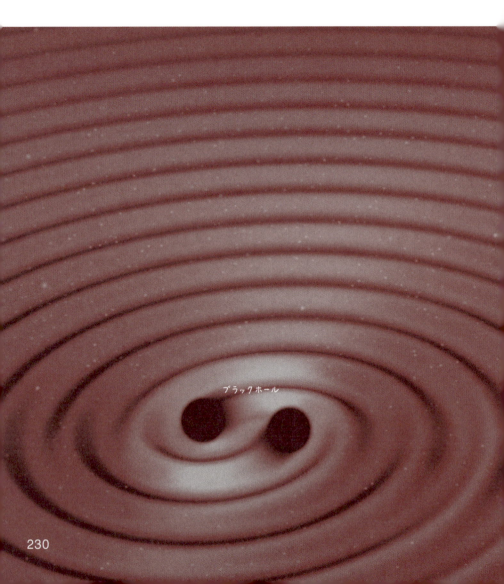
ブラックホール

このときの重力波は、たがいの周囲をまわる二つのブラックホールが、衝突・合体するときに生じたと考えられています。 観測結果を解析すると、二つのブラックホールの質量はそれぞれ太陽の**29倍**と**36倍**であり、合体して、太陽の**62倍**の質量をもつブラックホールになったと考えられています。

3 時間目 ブラックホールをめぐる謎

29+36で，65倍になるはずじゃないですか？

いえ，これで合っているんですよ。合体によって，欠けた太陽三つ分の質量は，**膨大なエネルギー**に変換され，それが重力波として放射されたことになります。

な，なるほど。

地球で観測された空間のゆがみは，最大でも1ミリメートルの1兆分の1のさらに100万分の1程度でした。
発生源はおおよそ大マゼラン銀河の方向，地球から**約13億光年**はなれた場所だと考えられています。

LIGOによって実際に検出された空間の伸び縮み

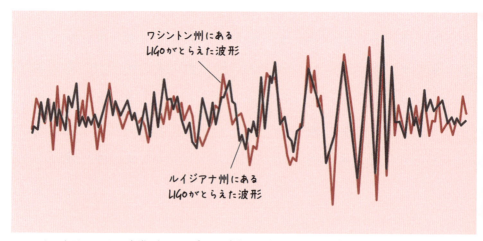

上の波形は，LIGOが実際に観測した重力波（空間の伸び縮みの大きさ）。LIGOは，アメリカのルイジアナ州とワシントン州の2か所に建設されている。その両方の設備がほぼ同じ形をした波を検出したことから，まちがいなく重力波を検出したと結論づけられた。波形を見ると，だんだん波が大きくなり，極大をむかえた後，急に波が小さくなっていることがわかる。この極大波形のときに，二つのブラックホールが合体したと考えられている。

めちゃくちゃ小さな変化を検出することができたのですね。
それにしても13億光年……。そんなところから重力波が届いたなんて、すごいですね。

LIGOによるこの重力波の検出は、はじめて重力波の直接検出がなされたことだけでなく、ブラックホールが合体することがあることをはじめて示すことになりました。ブラックホールの合体は、超巨大なブラックホールがどのようにつくられるのかを理解する上で、大きな意義をもちます。

重力波天文学のはじまり

重力波の観測は**新しい天文学**をひらくことになるでしょう。

古代から現代にいたるまで，天文学とは宇宙からやって来る**光(電磁波)**をとらえて宇宙や天体の性質を研究する学問でした。それは肉眼で見える可視光を用いた光学望遠鏡も，電波など目に見えない電磁波を使う電波望遠鏡も同じです。

しかし21世紀，人類は宇宙をとらえる**"新たな目"**を手に入れました。それが重力波です。

重力波をとらえることで，これまで観測できなかった天文現象が見えるようになるかもしれないわけですね！

その通りです！

先ほどお話しした重力波の初観測以降，約90件の重力波イベントが観測されています。なかでも重要なのが，2019年5月21日に発生し，2020年9月2日に報告された**GW190521**とよばれる重力波現象です。

どのような現象だったのでしょうか？

これは，太陽質量の**約95倍**と**約69倍**の質量をもつ二つのブラックホールが衝突し，**約156倍**の質量をもつブラックホールができた現象です。

このような，太陽質量の100倍程度の質量である**中間質量ブラックホール**とよばれるブラックホールは実際に観測された例がなく，これが史上はじめての観測例だったのです。
超巨大ブラックホール誕生の謎にせまるうえでも，重力波は新たな武器になるでしょう！

すごいや！

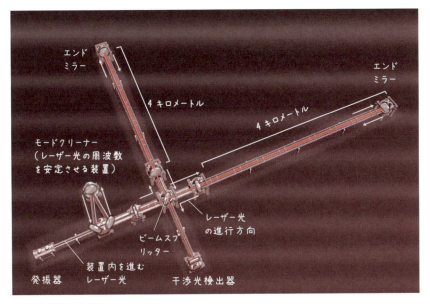

重力波検出器のしくみ
重力波検出器LIGOの全体像をえがいた。レーザー干渉計型とよばれる方式を採用している。発振器（左下）から発射されたレーザー光が中央のビームスプリッターで2本に分けられ，末端のエンドミラーで反射してもどる。この2本の光を干渉させて，干渉光検出器（中央下）で明るさをはかる。重力波が通ると空間のゆがみによってそれぞれの光が進む距離がわずかに変化し，干渉光の強さが変わる。この変化を検出する。

銀河とブラックホールは一緒に成長した？

超巨大ブラックホールはほとんどの銀河の中心部にあり，その質量は，母銀河の中心部分，すなわちバルジ領域にある星の総質量と比例関係にあることがわかっています。つまりこれは，銀河とブラックホールがたがいに影響をおよぼしながら成長していることを示唆しています。

銀河と一緒に成長ですか……。
そもそも銀河って成長するんですか？

はい。銀河は衝突・合体をくりかえすことで，何億年や何十億年という歳月をかけて，小さいものから大きなものへと成長してきたと考えられています。宇宙では，銀河どうしの衝突や合体は頻繁におきてきたようなのです。私たちの天の川銀河も，39億年後にアンドロメダ銀河と衝突すると考えられているんですよ。

へぇ，銀河は衝突や合体をして成長してきたのか。
じゃあ，銀河が合体するときに，ブラックホールも合体するのでしょうか？

1. 接近する原始銀河たち
2. 衝突・合体する原始銀河たち
3. さらに衝突・合体する原始銀河たち
4. 合体をくりかえしてできた大きな銀河

そうかもしれません。あるいは、ブラックホールに効率よくガスを供給し、太らせるしくみが生み出されるのかもしれません。

なるほど。

また、銀河のバルジの質量と、その中心部に居座る超巨大ブラックホールの質量の比率は、およそ**1000対1**と考えられています。

どのようなしくみがはたらいて，この相関関係が成り立っているのかもわかっていません。

それは不思議ですね。

一つの説としては，ちょうどバルジの1000分の1の質量分のガスが銀河中心部に落ちてくる，というものがあります。
この落ちてきたガス雲の中で，ブラックホールが合体し，最終的にガスを吸いこんでバルジの1000分の1の質量にまで太るのかもしれません。

ふぅむ。

ほかの説としては，ブラックホールの成長にともなって，**ジェット**などの噴きだしが強くなることで，ブラックホールに落ちてくるガスの量が抑えられて，成長が頭打ちになるのかもしれません。

ブラックホールからはジェットが噴きだしているんでしたね。

ジェットやアウトフローなどの噴きだしが,銀河やブラックホールの形成におよぼす効果のことを**AGN(活動銀河核)フィードバック**といいます。このフィードバックのくわしいしくみは,まだよくわかっていません。AGNフィードバックは,その莫大なエネルギーで,母銀河だけでなく,ほかの銀河にまで影響をおよぼすと考えられています。

すなわち超巨大ブラックホール形成の問題は,銀河の進化,宇宙の進化に深いつながりをもっており,そのため天文学の最前線で研究が進められているんです。

アウトフロー
（ジェットよりも広く
範囲に噴きだす）

ジェット

標準円盤

高温降着流

降着円盤
（高温降着流＋標準円盤）

ブラックホール

3

時間目

ブラックホールをめぐる謎

241

STEP 2

 宇宙誕生直後に生まれた原始ブラックホール

宇宙誕生直後に空間のゆらぎから誕生したと考えられている原始ブラックホール。ダークマターの正体や，超巨大ブラックホール誕生の謎を解くカギとして注目されています。

原始ブラックホールって何？

ここまで恒星質量ブラックホールや超巨大ブラックホールについて，お話ししてきました。
実はブラックホールにはもう一つ，未発見ではあるものの，理論的に存在が予想されているタイプがあります。
それが**原始ブラックホール**です。

原始ブラックホール？
どのようなブラックホールなんでしょう？

通常の恒星質量ブラックホールは，重い恒星が一生の最期に超新星爆発をおこし，超高密度となった恒星の中心核が自身の重力でつぶれてブラックホールになるのでしたね。

しかし原始ブラックホールは，そうした普通のブラックホールとはまったくことなる方法で生まれます。宇宙誕生直後の**密度のゆらぎ**の中から原始ブラックホールは生まれると考えられているのです。
原始ブラックホールは，1971年にホーキング博士によって提唱されました。

宇宙誕生直後の密度のゆらぎ？
意味不明なんですが……。

誕生直後の宇宙は，超高温，超高密度の灼熱の火の玉状態であったと考えられています。この状態を**ビッグバン**といいます。
この時期，宇宙を満たしていた**素粒子**は，その密度がほぼ一様だったものの，そこには**ゆらぎ**がありました。そのゆらぎによって，密度がきわめて高い部分が生じ，その部分が自分の重力によって極限までつぶれて，ブラックホールが生まれた可能性があるのです。

ちょっとまってください。まだ恒星が生まれていないころの話ですか？

そうです。宇宙誕生から**数時間以内**に，最小のものは，**10万分の1グラム**，最大のものは**太陽質量の数十億倍**のものまで，大小さまざまな原始ブラックホールが生まれた可能性があります。

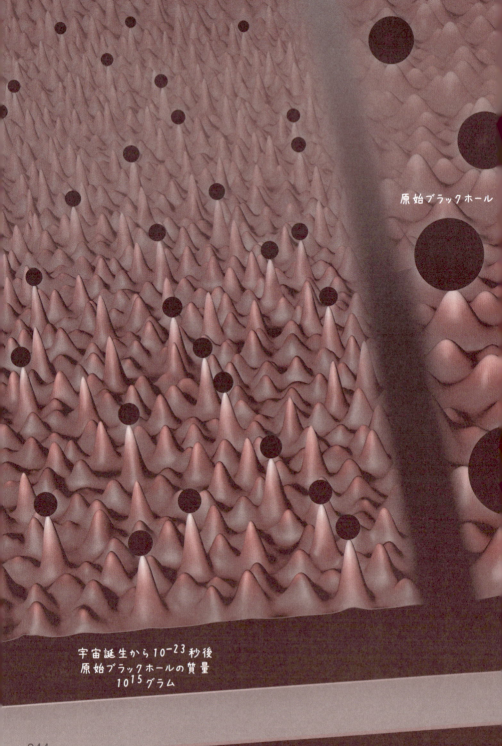

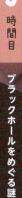

3時間目 ブラックホールをめぐる謎

密度のゆらぎ

宇宙誕生から10^{-5}秒後
原始ブラックホールの質量
10^{33}グラム（太陽の質量程度）

宇宙誕生から1秒後
原始ブラックホールの質量
10^{38}グラム（太陽質量の10万倍程度）

宇宙誕生からの経過時間

宇宙誕生から数時間以内!?
しかも大きさはまちまちなんですね。

ええ。宇宙誕生からの時間が経過するとともに,より大きな原始ブラックホールが生まれたと考えられています。恒星が誕生したのは,宇宙誕生から数億年後ですが,そのはるか以前から,宇宙にはたくさんのブラックホールが存在していたかもしれないのです。

> **ポイント！**
>
> **原始ブラックホール**
> 　宇宙の誕生直後に密度のゆらぎから生まれたと考えられるブラックホール。まだ見つかってはいない。誕生した時期により,さまざまな大きさのものが考えられている。

原始ブラックホールとダークマター

原始ブラックホールは，現代の物理学の大きな謎である**ダークマター**になりうるのではないか，と考えられており，さかんに研究が進められています。

また謎の存在が出てきました。
ダークマターって何ですか？

ダークマターは，**目に見えない未知の物質**です。このダークマターについても少しお話ししておきましょう。ダークマターは，この宇宙に大量に存在していることがわかっていますが，その正体は不明です。

そんな不気味なものが大量に？

ええ。宇宙を占める成分のうち，ダークマターは普通の物質の5〜6倍の量を占めると考えられているのです。
宇宙の主役は輝く星たちだ，と考えがちですが，どうもその常識はまちがっているようです。
輝く星は，むしろ宇宙の脇役にすぎないのかもしれません……。

そ，そんなまさか！
宇宙といえば星や銀河でしょう！
ダークマターって見ることはできないんですよね？
それなら，本当は存在しないんじゃないんですか？

いいえ，ダークマターは質量をもっており，存在しないとつじつまが合わない現象が，たくさん観測されているんです。
たとえば天の川銀河のような「渦巻銀河」は，数億年をかけて回転しています。
この回転速度を調べてみたところ，奇妙なことに，**銀河の中心に近い場所も，外縁付近も，回転速度がほとんど変わらないのです！**

……といわれても，それの何がつじつまが合わないのですか？

ハンマー投げを考えてみてください。
ハンマーを回している間，ハンマーを**引っ張る力**と**遠心力**は釣り合っています。
両者が釣り合わないと，円運動は保たれません。

同じように，太陽系の惑星も，太陽に引っ張られる重力（万有引力）と遠心力が釣り合って公転しています。

248

太陽系の場合,太陽の重力は遠くなるほど弱くなるので,遠心力も弱くてすみます。
そのため,外側の惑星ほど公転速度が遅くなるはずです。

太陽系の最も内側にある水星は,地球とか火星とかよりも速いスピードで,太陽のまわりを回っているはずだということですね。

ええ,その通りです。
しかし銀河の場合,これが成り立たないのです。
渦巻銀河は,中心に恒星が集中しています。これは強力な重力源である太陽が中心にある太陽系と似ています。

ということは,普通に考えると,太陽系と同じように,中心から遠いほど回転速度は遅くなりそうです。

ええ。しかし,実際にはそうはなっておらず,外縁部の回転速度は内側とほぼ同じなのです。

3 時間目 ブラックホールをめぐる謎

これをうまく説明するには，**銀河をダークマターがおおっていると仮定し，その重力の効果を計算に入れる必要があります。**

また，別の例も紹介しましょう。銀河団の観測でも，ダークマターの存在が示唆されています。

銀河団の個々の銀河は，銀河団の中で，さまざまな方向に運動しています。しかも銀河たちは，ちりぢりになってもおかしくないほど，猛烈ないきおいで運動しています。しかし，実際には銀河団はまとまりを保っており，ちりぢりにはなっていません。

銀河どうしが重力で引き合っているからではないんですか？

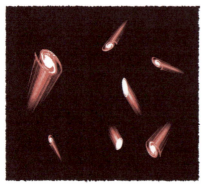
猛烈ないきおいで運動している

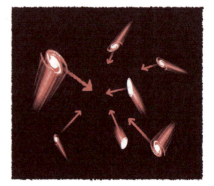
ちりぢりにならずにまとまっている

おっ,鋭いですね。
でも,目に見える銀河の重力では全然足りないんです。
結局,銀河団をダークマターがおおい,その重力で銀河たちをつなぎとめていると考えると,説明がつくのです。

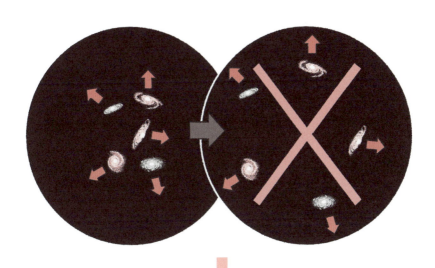

銀河をおおい,重力を及ぼしているダークマター

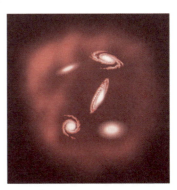

銀河団をおおい,銀河たちをつなぎとめているダークマター

うーむ,やっぱりダークマターの存在,認めざるを得ないのか。
ダークマターについては,何となくわかりました。
それで,原始ブラックホールがダークマターということですか?

ええ。この宇宙にはたくさんの原始ブラックホールがひそんでおり,それがダークマターである可能性があるのです。

ひょー。

原始ブラックホールは直接観測されていませんが,宇宙にどれくらい存在しうるのかは,重力波や電磁波など,現在さまざまな方法を使った観測で検証がつづけられています。
たとえば,比較的大きな質量の原始ブラックホールは,**重力レンズ効果**の観測で調べることができます。

重力レンズ効果ですか。

ええ。原始ブラックホールの重力がレンズのように作用して,その背後にある星がゆがんで見えたり,明るく見えたりするようすをとらえるのです。
さまざまな観測から,どのような質量をもった原始ブラックホールが,どれくらい存在しうるのかが,現在調べられているのです。

それで、原始ブラックホールは、ダークマターの候補といえるほど大量に存在していそうなのでしょうか？

これまでの研究から、10^{25}グラム（月の質量程度）以上の原始ブラックホールは、すべてのダークマターの量をまかなえるほどは存在しないだろうということがわかってきました。反対に、10^{15}グラム以下の小さな原始ブラックホールも、蒸発してしまうため、ダークマターとはなりえません。
理論的には10^{15}グラム以下のブラックホールは、宇宙年齢（138億年）の間にすべて蒸発してなくなってしまうと考えられているのです。

ということは、原始ブラックホールはダークマターじゃなかったと？

いえ、原始ブラックホールがダークマターである可能性はまだ残されています。それは、**10^{20}グラム前後**（月の質量の10万分の1程度）の原始ブラックホールです。
このようなサイズの原始ブラックホールは、重力レンズでも、蒸発の際に放出される光でもかんたんには見つけられません。この見つけにくいサイズの原始ブラックホールがたくさん存在すれば、それがダークマターの正体である可能性があります。

現代物理学の大きな謎の答えを原始ブラックホールが握っているのかもしれないのですね。

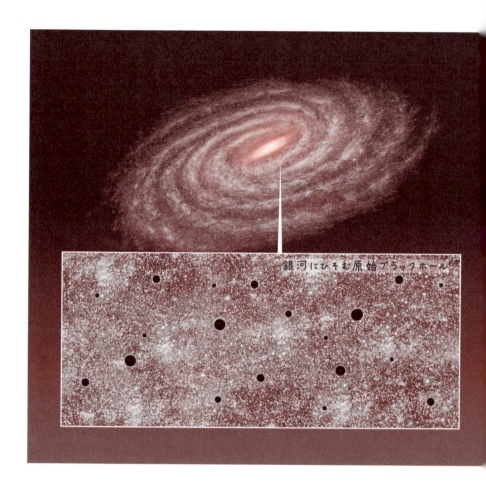

銀河にひそむ原始ブラックホール

原始ブラックホールは超巨大ブラックホールの種かもしれない

原始ブラックホールは，ダークマター以外にも，宇宙に残された謎を解き明かす可能性を秘めています。その一つが，**超巨大ブラックホールの誕生の謎**です。

超巨大ブラックホールがどのようにしてできたのかはわかっていないのでしたね。

ええ。
近年の観測では，宇宙誕生から6.7億年後に太陽質量の約16億倍の超巨大ブラックホールが存在していたことがわかっています。
しかし138億年の宇宙の歴史からみて，これほど早い時期に，恒星を起源としたブラックホールを種にして超巨大ブラックホールをつくるには，時間が足りないと考えられているのです。

少なくともこの宇宙に恒星が誕生して，さらにその星が寿命を迎えるまで時間がかかるわけですからね。

そうです。そこでひょっとすると，さまざまな質量をもちうる原始ブラックホールが，重要なカギをにぎっているかもしれないと考えられているのです。

超巨大ブラックホールの正体が，原始ブラックホールだということでしょうか？

ほとんどの銀河の中心には，太陽の100万倍をこえる質量をもった超巨大ブラックホールが存在している。超巨大ブラックホールがどのようにして生まれたのかは，大きな謎となっている。もし，太陽の10万倍程度の原始ブラックホールが存在すれば，それを種にして，周囲のガスを大量に取りこんで，超巨大ブラックホールとなる可能性がある。

太陽の10万倍の質量をもつ原
始ブラックホール

ガス

超巨大ブラックホール

3
時間目

ブラックホールをめぐる謎

257

そのような考えもありますが，それはあまり現実的ではないようです。
ほかには，太陽質量の **10万倍** といった比較的重い原始ブラックホールを種として，それが周囲のガスや天体を大量に飲みこむことで，超巨大ブラックホールに成長したという説などが提唱されています。

原始ブラックホールは，超巨大ブラックホールの種だったのかもしれないのですね！

太陽よりも軽いブラックホールを探せ

先生，原始ブラックホールって実際に見つかっているのでしょうか？

いえ，その存在は明らかにはなっておらず，まだ仮想上の存在だといえるでしょう。

まだ見つかっていないのですね。
どうすれば原始ブラックホールは見つけられるでしょうか？

原始ブラックホールを見つけるためには，重力波などの観測で見つかったブラックホールが，恒星起源のブラックホールなのか，宇宙の最初期に**ゆらぎ**から生まれた原始ブラックホールなのかを区別することが重要になります。

区別することはできるんですか？

原始ブラックホールを見分ける方法はいくつか考えられます。そのうち最も確実なのは，**太陽よりも小さな質量**をもったブラックホールを見つけることです。

小さなブラックホール？

恒星起源のブラックホールは，太陽の25倍以上の質量をもつ恒星から生まれると考えられています。そうして生まれるブラックホールの質量は，**太陽の質量以上**になります。

ふむふむ。

一方，原始ブラックホールの質量には，そのような制限はありません。つまり，太陽の質量よりも小さいものもありえるのです。そのため，太陽よりも小さな質量をもったブラックホールが発見されれば，それはほとんど確実に原始ブラックホールといえるわけです。

なるほど！

ほかにも，ものすごく遠いところにあるブラックホールを見つけることが原始ブラックホールの存在を確かめることになります。

距離が関係するって，どういうことなんですか？

いいですか，光（電磁波）も重力波も，その速度は有限なので，天体から放たれた光や重力波が地球へ届くには時間がかかります。そのため，それらを使って宇宙を観測するとき，「遠くのもの」ほど「過去の姿」をとらえていることになります。

100光年先の光を今観測したとしたら，100年前に発せられた光ということですもんね。

そのとおり。
過去の宇宙では，現在よりもたくさんの恒星が生まれていたことがわかっており，そのため恒星から生まれるブラックホールも多くなります。
ところが，宇宙誕生から数億年後よりも前の宇宙，すなわち，より遠くの宇宙までいくと，恒星の数が少なく，あまりブラックホールができていなかったはずです。

めちゃくちゃ遠い宇宙には，恒星を起源とするブラックホールはあまりないはずなんですね。

ええ。
しかし，もしそうした誕生直後の遠い宇宙でブラックホールや，その合体現象が見つかったとすると，それは原始ブラックホールによるものである可能性が高いといえます。
原始ブラックホールは，宇宙誕生直後の，まだ恒星も存在しなかった時期からたくさん存在しているはずですから。

なるほど。誕生直後の宇宙にブラックホールが存在することがわかれば，それは原始ブラックホールである可能性が高いのですね。
実際にそういった，原始ブラックホールの証拠をとらえることはできるのでしょうか？

現在アメリカの重力波観測装置LIGOやヨーロッパのVIRGO，そして日本のKAGRAによる**重力波観測ネットワーク**が稼働しています。

重力波観測は，原始ブラックホールを探索する強力な手段です。将来の重力波観測によって，たとえば，太陽質量の0.2倍や0.1倍といった軽いブラックホールが見つかれば，原始ブラックホールの有力な証拠となります。

期待が持てますね！

また，宇宙空間に重力波望遠鏡を置く DECIGO という日本の計画もあります。
DECIGOは，レーザー発振器とレーザー光を反射する鏡，光検出器をそなえた人工衛星3機で構成されます。それらの人工衛星を宇宙空間でそれぞれ1000キロメートルもの距離をおいて，三角形に配置し，衛星間のごくわずかな距離の変化をとらえて，微小な重力波を検出するのです。

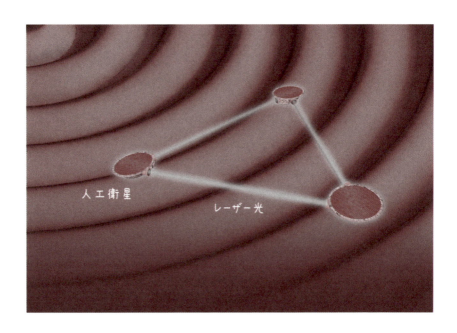

宇宙で重力波を観測するなんて,すごいですね!
地上よりも繊細に観測できそうです。

DECIGOは感度が非常に高く,宇宙誕生の最初期を直接観測する能力があります。またDECIGOの前に,DECIGOで必要となる技術を実証するためのより小規模なB-DECIGOを打ち上げる計画もあり,これは2020年代,DECIGOは2030年代の打ち上げを目指しています。
こうした次世代の観測によって,恒星も生まれていない初期の宇宙からやってくる重力波をとらえることができれば,原始ブラックホールを直接みつけることができるかもしれません。

原始ブラックホール,見つかるといいですね!

原始ブラックホールは,理論的には,ビッグバンの直後に,密度の**ゆらぎ**から生まれます。原始ブラックホールを見つけることができればもちろん大発見です。
しかし,仮に原始ブラックホールが存在しないことが判明しても,そこからやはりビッグバン直後の宇宙の状態について知ることができます。密度のゆらぎが,原始ブラックホールを生まないような種類のものに制限されるからです。

なるほど,どちらにせよ,あらたな発見や知見につながるってわけか。

そうです。
原始ブラックホールは,「古くて新しい謎の天体」といえます。その存在から宇宙を解明する研究が,今まさに進められているのです。

3
時間目

ブラックホールをめぐる謎

4

時間目

ホワイトホールと
ワームホール

STEP 1

何でもはきだす ホワイトホール

宇宙には，ブラックホールとは逆に，吸い込むのではなくはきだす一方の天体，ホワイトホールが存在するかもしれないといいます。いったいどのような天体なのでしょうか？

ブラックホールの反対!?　ホワイトホール

ブラックホールは，今では観測によってその存在が確認されています。しかしもとをたどればアインシュタインの**一般相対性理論**からみちびきだされたものでした。この一般相対性理論は，ブラックホールのほかにもさらに奇妙な天体の存在を予言しています。それが**ホワイトホール**です。

ホワイトホール!?

ホワイトホールは，ブラックホールといっしょにその存在が予言されたものです。一般相対性理論をもとにして，恒星の内部や周囲の重力を計算する式がみちびきだされたのですが，その式の意味するものには，ブラックホールとホワイトホールの両方が含まれていたのです。

ホワイトホールはどのような天体なんでしょうか？

268

一般相対性理論の式によれば，ブラックホールとホワイトホールは，おたがいの**時間をひっくりかえした関係**にあります。

物体を次々に飲みこんでいるブラックホールの時間を反転させると，ブラックホールから**物体が次々に飛びだしてくる**ことになりますね。このような奇妙な現象がおきるブラックホールを，ホワイトホールとよぶのです。

ブラックホールの時間を反転させたような天体……。

つまり，ブラックホールは「何者もその内部から脱出できない天体」であるのに対して，ホワイトホールは「何者もその内部にとどまることができない天体」なんです。

ブラックホールと同じように，中心には特異点があるのですか？

はい，ホワイトホールの中心にも**特異点**はあり，そこでは時空のゆがみが無限大になっています。

ただ，ブラックホールの特異点とは逆に，ホワイトホールでは特異点に集中している質量を，物質や光などとして，どんどん外にはきだします。

ブラックホールとは正反対なんですね。

4 時間目

そうなんです。
ホワイトホールの境界面の内側から外側には物質は移動できますが，外側から内側に向けては，光でさえ進入できません。

先生，ホワイトホールは，実際に存在しているのでしょうか？

ホワイトホールが宇宙のどこかにあるかもしれないと期待している人はいますが，今のところ，ホワイトホールらしき天体は見つかっていません。

> **ポイント！**
>
> **ホワイトホール**
> 　ブラックホールとともに一般相対性理論によって予言された。ブラックホールとは反対に，物質や光が飛び出してくる。その内側にとどまることはできない。

ホワイトホールは見ることができない？

うーむ，ホワイトホールは実在するのか……？ 存在するならみつからないのはどうしてか……？

仮にホワイトホールが実在したとしても，観測することはできないかもしれないという仮説があります。アメリカの**ダグラス・アードレイ**が1974年に発表し，その後，幾人かの相対性理論の専門家たちによってくわしく研究されたものです。

どういう仮説なんでしょうか？

ホワイトホールは内部から物質をはきだす天体です。こう聞くと，ホワイトホールは引力と反対の**斥力**をもっているように思えます。しかし理論上，ホワイトホールは**引力**をもちます。しかもその強さはブラックホールと同等です。

ホワイトホールも重力によって，物質を引き寄せるということでしょうか？

そうなんです。
ホワイトホールのまわりには，内部から吐き出された物質や，もともと周囲にあった物質が存在します。これらの物質は，ホワイトホールから新たに噴出する物質や光などの一部も引きつれながら，ホワイトホールに引き寄せられていきます。

でも，ホワイトホールの内側には入ることができないんですよね？

ええ，ホワイトホールの性質上，引きよせられた物質がホワイトホールの内部に入りこむことはできません。ですから，結局これらの物質は，ホワイトホールの**表面**に降り積もり，全体としては質量が増すことになります。

ホワイトホールの表面ですか。

ホワイトホールにはブラックホールと同等の重力があります。それほど重いホワイトホールの質量がさらに増した結果，全体としては，ホワイトホールよりも質量の大きいブラックホールが存在するのと同じことになるはずです。

ブラックホールが存在するのと同じ？
どういうことでしょう？

結局，仮にホワイトホールが存在したとしても，ホワイトホールの境界面のすぐ外側に**ブラックホール**の領域ができ，**二重構造**となるというわけです。
ホワイトホールはその内部のエネルギーを出しきる前に，ブラックホールにおおい隠かくされてしまうのです。

ホワイトホールがいずれブラックホールに包まれるということですか？
内側にあるホワイトホールは見えなくなるのでしょうか？

はい。ブラックホールの領域ができると，物質やエネルギーが外部の宇宙にもれだしてくることはなくなります。そして，内部にホワイトホールがあるのかどうかの判断もできなくなります。なお，ブラックホールにおおわれる前であれば，内部から放出される物質やエネルギーを観測できる可能性はあります。

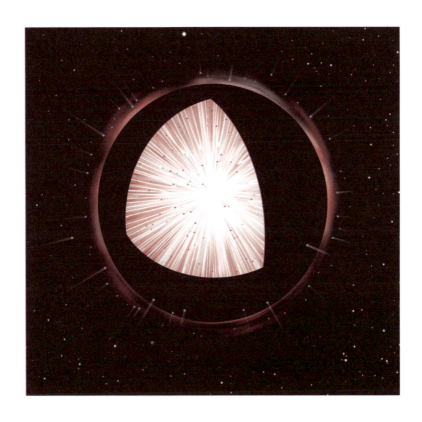

宇宙のトンネル ワームホール

吐きだす一方のホワイトホールに似た存在が「ワームホール」です。ワームホールは時空のトンネルで，宇宙の遠くはなれた場所を結んでいます。

予言されたワームホール

ホワイトホールと同じく，ブラックホールとともに一般相対性理論からその存在が予言された「穴」がもう一つあります。それが**ワームホール**です。
ワームホールは，ある空間と別の空間をつなぐ抜け道のような構造で，ワームホールをくぐり抜けると，一瞬にして別の空間に移動します。

SF映画のワープみたいですね。

そうですね。
ワームホールを直訳すると，**虫食い穴**です。このような名がつけられたのは，この「空間の抜け道」が虫食い穴に似ているからです。

虫食い穴ですか。なんかあまりかっこよくないなぁ。

たとえばリンゴの表面に虫がいたとします。この虫にとっては，リンゴの表面だけが世界のすべてで，リンゴの反対側にたどり着くにはリンゴの表面をまわっていくしかありません。

しかしあるとき，この虫がリンゴに穴を開けることを思いつき，反対側まで通じるトンネルをつくりました。そうすると虫は，これまでよりも早くリンゴの反対側にたどり着けるようになります。

ふむふむ。

ワームホールとは，まさにこのような虫食い穴のような存在といえます。なお，ワームホールは，**アインシュタイン＝ローゼンの橋**という名でよばれることもあります。

な〜るほど！　だから虫食い穴か！
トンネルを進めば，遠くはなれた場所にたどり着けるわけですね！

そうですね。ただし，ワームホールはいわゆる普通のトンネルとはまったくちがいます。
ワームホールは二つのはなれた場所を**直結**するため，直線距離などまったく関係ないのです。

どういうことでしょうか？

4時間目　ホワイトホールとワームホール

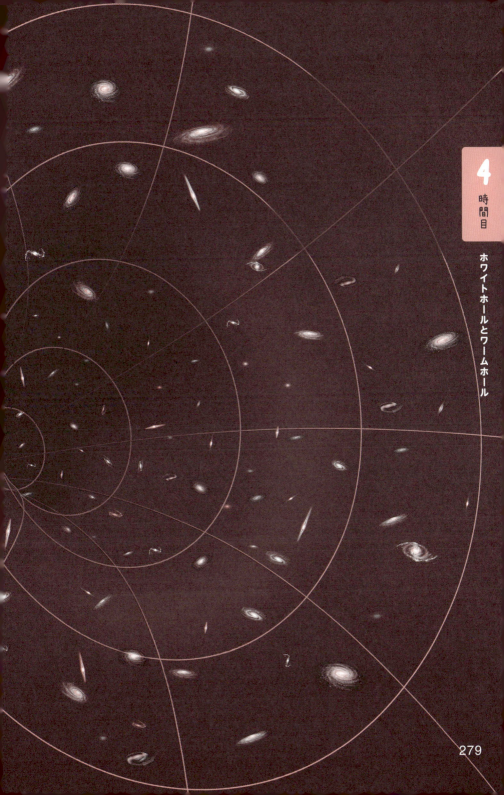

4 時間目

ホワイトホールとワームホール

たとえば，もし東京―大阪間（直線距離は約400キロメートル）にワームホールが開通した場合，東京にあるワームホールの入口に入ったら，**次の瞬間**には大阪にあるワームホールの出口から出ていくことになります。
ですから，現実的なトンネルよりも，ドラえもんの**どこでもドア**に近いものだと考えたほうがイメージしやすいでしょう。

どこでもドアか！
ワープするように，一瞬で遠くはなれた場所に行けるのですね。
そういえば，1時間目にブラックホールとホワイトホールもつながっている，というお話がありましたよね。これもワームホールということですか？

ええ。回転しているカー・ブラックホールなどの場合，ブラックホールに吸いこまれた物質は，リング状の特異点を突破して，別の空間にあるホワイトホールから出てくる可能性があります。このような，ブラックホールとホワイトホールをつなぐ抜け道のような構造もワームホールとよぶことがあります。

ブラックホールに吸いこまれたら，どこに出てくるんでしょうか？

ブラックホールとホワイトホールがつながっている場合には，通り抜けた先は，私たちのいる宇宙とは**別の宇宙**です。このとき，ホワイトホール側からもどってくることはできません。

ひょえー,行ったきりかぁ。

また,このワームホールは非常に不安定な存在だと考えられています。このため理論上は通り抜けが可能だとしても,実際に物質や光が通り抜けようとすると,それによって生じたエネルギーの**ゆらぎ**が増幅して,ワームホールがつぶれてしまうと考えられています。

また,このブラックホールとホワイトホールのように,抜け道が一方通行の場合には,厳密にはワームホールとはよばないとの考え方もあります。

ポイント!

ワームホール
宇宙空間に開いた時空のトンネル。宇宙の遠くはなれた地点を"直結"する。

4 時間目
ホワイトホールとワームホール

ワームホールを使って時間旅行

特異点が存在せず一方通行でもないワームホールが存在する可能性は，理論上，許されています。

そのようなワームホールは実際には見つかっていないのでしょうか？

ワームホールはまだ観測されていません。
重力レンズ効果を利用して観測が試みられたことがありますが，今のところ見つかってはいません
また，理論上，存在していてもおかしくありませんが，現在の宇宙でワームホールをつくりだすことができる天文現象の存在も知られていません。

そっか……。
でも，ワームホールが実在していたら，遠くの宇宙に一瞬で行けるわけですから，夢がありますね。

そうですね。ワームホールが存在すれば，私たちは遠くまで一瞬にして移動し，もどってくることが可能になります。つまり，**空間の壁**をこえられるわけです。
さらにワームホールを使えば，**時間の壁**すらをもこえ，**タイムトラベル**が可能になるかもしれません。

ワープだけでなく，タイムトラベルも !?

そうなんです。ワームホールを使ったタイムトラベルは（特殊）相対性理論の効果がカギになります。
相対性理論によると，実は高速で移動する物体の時間は，静止している場合にくらべて遅れます。この効果は，物体の移動速度が光速に近づくほど，顕著になります。

時間が遅れる!?

そうなんです。
たとえば，光速の80％で飛ぶ宇宙船を静止した場所から見た場合，静止した場所で1秒経ったとき，宇宙船の中では0.6秒しか経過していないことになります。

ひょえー！
相対性理論，とんでもない。

さて，ワームホールのタイムトラベルの話にもどりましょう。
たとえば，現在が**2100年**だとしましょう。地球のそばにワームホールの出入り口が両方にあるとします（1）。このうちの一方を光速に近い速さでいったん遠ざけ（2），ただちに引きもどしたとしましょう（3）。

ふむふむ。

するとこの間に，地球では**10年**が経過している（2110年）のに対し，動かしたほうの出入り口は時間が遅れて**2年**しか経過していない（2102年）ということがおこりえます。

ワームホールを光速で移動させたから，ワームホールの時間が遅れたということでしょうか？

はい，その通りです。
ここでワームホールの出入り口に飛びこめば，2110年の世界にいる人が，2102年の世界にタイムトラベルできるというわけです（4）。

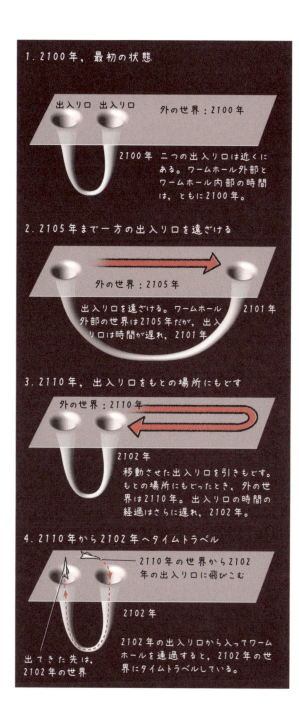

うひょー! 過去にタイムトラベルできるってことですね!
私,一度でいいから**恐竜の時代**を見てみたいと思ってるんですよ!

残念ながら,それはできないでしょうね。

え? どうしてですか?

この方法では,ワームホールが「存在した時点」よりも過去にタイムトラベルを行うのは原理的に不可能なんです。つまりこの場合2100年より過去にはもどることができません。

恐竜の時代とか江戸時代,それどころか私が生まれた年にも行けないんですね,トホホ……。

また,ワームホールは非常に不安定で,できたとしても,すぐにつぶれてしまう運命にあります。

えーっ,ワームホールを安定させる方法はないんでしょうか?

アメリカのキップ・ソーン博士によると,ワームホールを維持するには,**負の圧力をもった物質**が必要だといいます。

負の圧力をもった物質？

負の圧力をもった物質は，通常のエネルギー（物質）とは逆に，空間を押し広げようとする性質をもっています。この性質によって，不安定なワームホールを補強しているわけです。

トンネルの補強材ってことか。そ，そのワームホールの補強材って，存在しているんですか？

負の圧力をもった物質は，**エキゾチック物質**と名づけられていますが，あくまで理論上の存在であり，どうやってつくりだすのかはわかっていません。

あららら〜。残念。

ワームホールとミクロな世界

今までの話だと，ワームホールは理論的にはあり得るけれども，観測されていなくて，どのような天文現象からつくられるのかもわからないのですよね？
実在すると考えるのはちょっと厳しい気が……。

たしかに，いまだ発見されていないワームホールですが，多くの研究者は，**極小の世界**ではワームホールの生成と消失がくりかえされていると考えています。

極小の世界!?

カギになるのは，ミクロな世界の物理理論である**量子論**です。
量子論によると，微小な領域ではエネルギーの**ゆらぎ**があります。

ゆらぎ……，そうそう，そして粒子が生まれたり，消滅したりしてるんでしたよね。

その通り。このエネルギーを使って，さまざまな素粒子のペアが瞬間的に生成されたり（対生成），消滅してエネルギーを元にもどしたり（対消滅）といったことが，常におきているのです。
これは特殊な空間の話ではなく，宇宙でも，私たちの身のまわりの空間でもおきています。

ふむふむ。

さらに研究者たちは，このような**ゆらぎ**によって，あらゆる空間で**微小なワームホール**が瞬間的に生成・消滅をくりかえしていると考えているのです。
ただし私たちはこれを観測することはできません。

粒子だけでなく，ワームホールも生まれたり消えたりしている，ということですか!?
ミクロの世界はトンデモナイ世界ですね。
でも，極小のワームホールでは，ワープやタイムトラベルに使うのはむずかしそうですね。

そうですね。
この微小なワームホールを，何らかの方法で大きくし，さらに安定させることができれば，空間をこえた移動やタイムトラベルに利用できるかもしれないと考える研究者もいます。ただしその方法は，まったくわかっていません。

極微の世界であらわれては消えるワームホール

イラストは、量子論にしたがい、極微の世界で生成・消滅をくりかえしているワームホールの
イメージ。3次元空間を2次元であらわしている。量子論によると、非常に小さなスケールで、
なおかつ非常に短い時間について考えると、あらゆる空間は、一定の状態にとどまっているこ
とはないという。エネルギーのゆらぎがつねに存在し、そのゆらぎによってワームホールがあらわれ
ては消えている。

ワームホールのトンネル状の構造

枝分かれしたワームホール

ワームホールのトンネル状の構造

4
時間目

ホワイトホールとワームホール

293

宇宙をつなぐワームホール

微小なワームホールでも,結局,大きくして安定化させないといけないわけか。というと,さっき出てきた「負の圧力を持つ物質」が必要だけど,そんなものは見つかってないし……。

ところが近年,**高次元**の世界を考えることで,その問題を解決できる可能性が指摘されています。

高次元ですって！？

私たちにとってこの宇宙は,縦・横・高さの**3次元空間**だと考えられます。さらにそこに時間を加えて**4次元時空**だということもあります。
しかし実際の宇宙には,第5の次元やそれ以上の次元が存在するかもしれないのです。

第5の次元!?

このような高次元空間をあつかううえで,私たちの住む4次元時空の宇宙を「高次元空間に浮かぶ膜のようなもの」だとする仮説があります。
これを**ブレーンワールド仮説（膜宇宙論）**といいます。ブレーンワールド仮説によると,私たちの膜宇宙の外側には高次元時空が広がっており,そこには別の膜宇宙が存在するかもしれないといいます。

ひょえー,私たちの宇宙が,高次元空間に浮かぶ膜のようなものってことですか……。
もし別の宇宙があるとして,そっちの宇宙に行くことはできるのでしょうか？

私たちは,私たちが存在している4次元時空の膜の中にとじこめられているため,高次元時空を通って別の膜宇宙へ移動することはできません。

別の宇宙には移動できないんですね。

ところが,この膜どうしが何かの拍子に,部分的に接触したとします。相対性理論をもちいた計算によると,なんとこのとき,二つの膜の接点には,**ワームホール**が形成される可能性があるのです。

おお！ ワームホールが！

ワームホールが形成されると二つの宇宙を行き来できるかもしれません。
さらに,膜宇宙の接触は,折りたたまれた一つの膜宇宙でもおきる可能性があります。すると,自分たちの宇宙の中で,ワームホールが形成されることになります。

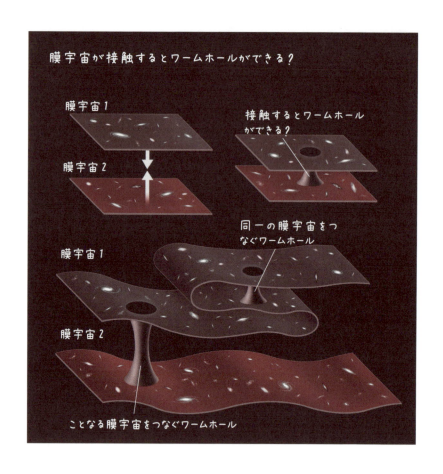

……でも、不安定だからすぐ壊れちゃうんですよね？

いいえ、その際、第5の次元は、ワームホールの構造を維持するための特別な物質（エキゾチック物質）と同じような効果を生みだし、それによって、特別な物質がなくても、ワームホールが安定して存在できるかもしれないというのです。

やった！

さて，夢のあるワームホールについて紹介したところで，ブラックホールのお話はおしまいです。ブラックホールは新しい研究成果がどんどん発表されている，とてもホットな天体なのです！

ブラックホールを初観測したのが，ほんの数年前ですもんね！
これからの研究の進展が楽しみです。先生，今日はどうもありがとうございました！

索引

1〜9, A〜Z

3C 273 149
AGNフィードバック 239
$E=mc^2$ 86
GMVA 210
M87 .... 161, 206
M87* 206
S2 185
X線 119

あ

アイザック・ニュートン
.... 34, 101
天の川 172
天の川銀河（銀河系） 167
アルバート・アインシュタイン
.... 19, 98
一般相対性理論
.... 19, 34, 69, 102
いて座A* 177, 180, 212
イベント・ホライズン・テレスコープ（EHT） 205
エキゾチック物質 289
エルゴ領域 57, 65

か

カー・ブラックホール ... 57, 64
カー＝ニューマン・ブラックホール 59
カール・シュバルツシルト

298

索引

..................56,102	恒星質量ブラックホール.... 16
核融合反応.................... 132	降着円盤 118,153,198
ガストーラス 157	
ガス雲の直接崩壊 224	**さ**
活動銀河 156	
活動銀河核.................... 156	さそり座X-1................. 123
ガリレオ・ガリレイ 172	事象の地平面.................. 49
干渉計........................... 205	重力波........................... 229
クェーサー 152	重力崩壊 111,135
原始ブラックホール 242	重力レンズ効果................ 52
高次元........................... 294	シュバルツシルト・ブラックホール 56
光子リング..................... 198	

初代星.......................... 222
ジョン・ホイーラー........... 103
スティーブン・ホーキング... 82
スブラマニアン・チャンドラセカール 107

中性子星 110
超巨大ブラックホール
.... 16,147,220,255
超新星爆発 135
潮汐力........................... 61
超ひも理論 71
対生成と対消滅................ 83
特異点..................47,269
ドップラー効果 200
ドナルド・リンデンベル..... 153

た

ダークマター 247
種ブラックホール............. 222

は

白色矮星 107
はくちょう座X-1 .... 124, 176
ハッブル宇宙望遠鏡 160
ハッブル・ルメートルの法則
.... 150
バルジ 163
万有引力の法則 34, 100
ブラックホールシャドウ 195
ブラックホールの情報パラドックス 87
フリッツ・ツビッキー 110
ホーキング放射 85
ホワイトホール ... 27, 81, 268

ま

マーティン・シュミット 149
マゴリアン関係 164
ミニスパイラル 184

ら, わ

ライスナー＝ノルドシュトロム・ブラックホール 58
量子論 69, 82, 290
レフ・ランダウ 110
レンズ・ティリング効果 64
連星ブラックホール 114
ロバート・オッペンハイマー
.... 111
ワームホール 27, 276

索引

シリーズ第47弾!!

やさしくわかる！
文系のための
東大の先生が教える
単位と法則

2024年10月上旬発売予定　A5判・304ページ　本体1650円（税込）

　「身長が10センチメートルも伸びた」，「5キログラムの減量が目標」など，何かの量をあらわすときには，「単位」が必要です。現在，メートルやキログラムなど，七つの世界共通の基本単位が定められ，この七つの基本単位をもとに，力やエネルギー，電気量など，さまざまな単位がつくられています。

　そして，単位の背後には，さまざまな「原理」や「法則」があります。これらはいわば，"自然界のルール"です。投げたボールが向かう方向，導線を流れる電気の量，親の特徴が子に遺伝する割合には，それぞれ決まったルールがあります。そうした自然界のルールを見つけだすことで，科学者たちは科学や技術を発展させてきました。

　本書では，さまざまな単位および，法則や原理について解説します。本書を読めば，単位の種類や役割，そして自然界にはどのようなルールがあるのかについて，理解することができるでしょう。お楽しみに！

主な内容

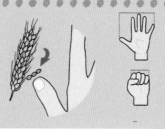

単位と法則の誕生
単位と法則は世界を知るための必需品

世界を測る！ 単位
基本となる七つの単位
基本単位が合体！ 組立単位
ちょっと変わった単位

「原理」と「法則」で世界を知ろう！
「運動」と「波」の法則
「電気」と「磁気」,「エネルギー」の法則
壮大なる宇宙の法則

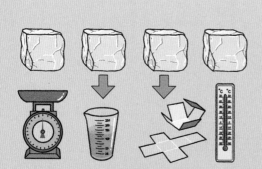

Staff

Editorial Management	中村真哉
Editorial Staff	井上達彦
Cover Design	田久保純子
Writer	小林直樹

Illustration

表紙カバー	松井久美	27	Newton Press	110	Newton Press	199	Newton Press
表紙	松井久美	28~29	佐藤蘭名	111	松井久美,	200	松井久美
生徒と先生	松井久美	31	松井久美		Newton Press	201~215	Newton Press
4	松井久美,	33~34	Newton Press	112	松井久美	217~219	松井久美
	Newton Press	35~40	佐藤蘭名	113~121	Newton Press	220~224	Newton Press
5	佐藤蘭名, 松井久美	42	Newton Press	127	松井久美,	226	松井久美
6	佐藤蘭名,	44~50	佐藤蘭名		Newton Press	231~245	松井久美
	Newton Press	53	松井久美	129	松井久美	248~249	松井久美
7	Newton Press	54~63	Newton Press	133	羽田野乃花	250	羽田野乃花
8	松井久美,	66~67	浅野 仁	136~137	Newton Press	251	松井久美,
	Newton Press	70	佐藤蘭名	141~143	松井久美		Newton Press
9	Newton Press	72	羽田野乃花	145~151	Newton Press	254~262	松井久美
10	松井久美	73	松井久美	154~155	小林 稔	267	松井久美
11	吉原成行	75~77	Newton Press	158~159	吉原成行	268~275	Newton Press
13	松井久美	78~79	吉原成行	161~163	Newton Press	276~278	松井久美,
14	Newton Press	82~83	松井久美	164	矢田 明		Newton Press
15	松井久美	84~95	Newton Press	166	羽田野乃花	282~283	小林 稔
17	松井久美,	96~99	松井久美	166~167	松井久美	285	佐藤蘭名
	Newton Press	100	Newton Press	168	羽田野乃花	287	松井久美,
18	Newton Press	101~102	松井久美	170~173	Newton Press		Newton Press
19	松井久美	104~105	松井久美	174	松井久美	291~292	Newton Press
21	佐藤蘭名	107	松井久美	175	羽田野乃花	296	小林 稔
22	松井久美	108	松井久美,	178~179	松井久美	297~298	松井久美
25	Newton Press		Newton Press	184	岡本三紀夫	299~301	Newton Press
26	松井久美	109	松井久美	188~189	Newton Press	302~303	松井久美

Photograph

182~183	NASA/JPL-Caltech/ESA/CXC/STScl
194~197	NASA's Goddard Space Flight Center/Jeremy Schnittman
207~209	EHT Collaboration
211	Lu et al. 2023; composition by F. Tazaki
213	EHT Collaboration

監修（敬称略）：
吉田直紀（東京大学大学院教授）

やさしくわかる！
文系のための 東大の先生が教える
ブラックホール

2024年10月10日発行

発行人	松田洋太郎
編集人	中村真哉
発行所	株式会社 ニュートンプレス　〒112-0012東京都文京区大塚3-11-6
	https://www.newtonpress.co.jp/
	電話　03-5940-2451

© Newton Press　2024　Printed in Japan
ISBN978-4-315-52849-7